Hans-Jörg Bullinger
(Hrsg.)

TECHNO*logisch!*

Technologien erfolgreich in den Markt bringen

LOG_X

Bibliografische Information der Deutschen Bibliothek
Die Deutsche Bibliothek verzeichnet diese Publikation in der Deutschen Nationalbibliografie. Detaillierte bibliografische Daten sind im Internet abrufbar unter http://dnb.ddb.dee

ISBN 978-3-932298-44-8

Umschlag und Satz:	Grafik + Layout Jürgen Rothfuß, Neckarwestheim
Druck und Buchbindung:	Gebr. Knöller GmbH & Co. KG, Stuttgart
Coverillustration:	Justina Trefz, ja-agentur, Stuttgart

Der Inhalt auf einen Blick

Vorwort

Technologiemanagement ist dann erfolgreich, wenn Technologien am Markt erfolgreich sind. Deshalb ist es von größter Bedeutung, dass die Prozesskette methodisch unterstützt und von der Technologiefrüherkennung bis zur Technologievermarktung lückenlos durchlaufen wird.

Märkte sind der Zielpunkt von Anbieter und Verbraucher. Hier treffen die Unternehmen mit ihren Produkten auf ihre Kunden und Wettbewerber. Doch Märkte verändern sich permanent. Das ist nichts Neues. Neu ist aber die Geschwindigkeit, mit der dieser Wandel voranschreitet und immer unberechenbarer wird. Dennoch gilt nach wie vor: Wer erfolgreich sein will, muss auf neue Märkte – Märkte der Zukunft – setzen. Zukunftsmärkte entwickeln sich dynamischer als stagnierende Märkte und tragen das Wirtschaftswachstum in den kommenden Jahrzehnten. Schlüsseltechnologien liefern die Basis dafür.

Doch Technologien bilden nicht nur die Grundlage, um innovative Produkte zu entwickeln, sie helfen auch, neue Anwendungsfelder zu erschließen. Wenn ein Unternehmen die Potenziale einer neuen Technologie frühzeitig erkennt und strategisch richtig nutzt, kann es den ständig wachsenden Ansprüchen der Anwender gerecht werden und gleichzeitig einen Vorsprung vor den Wettbewerbern erzielen. Auch wenn wir die Zukunft nicht kennen können, müssen Unternehmen vorausschauend handeln.

Das vorliegende Buch wendet sich an Leser aus technologie-orientierten Branchen, aber auch an Finanzdienstleister, Investoren und Entscheider in den Medien. Hauptzielgruppe sind größere mittelständische Unternehmen, die sich explizit mit Technologiemanagement beschäftigen und „Angst haben, neue Technologien zu übersehen". Aber auch öffentliche Institutionen wie Forschungsinstitute oder kommunale Einrichtungen finden viele Anregungen für ihre Zukunftsplanung.

Weil ein Thema wie ‚Technologien erfolgreich in den Markt bringen' schnell sperrig, akademisch und theoriebeladen daherkommen kann, haben wir den LOG_X Verlag gebeten, ein leserfreundliches Buch zu gestalten. Die Redakteure hatten die Aufgabe, die ‚Theorieschraube' nach unten zu drehen, das Methodenwissen anschaulich und lebendig zu vermitteln und den Praxisbezug durch Beispiele zu untermauern. Der LOG_X Verlag erhöhte den Lesenutzen durch die Entwicklung eines einzigartigen ‚Storyboards'. Ihm gilt ein besonderer Dank, denn ein solches Engagement ist heute im Verlagsgeschäft nicht mehr selbstverständlich.

Allen Lesern wünsche ich eine bereichernde Lektüre.

München im Dezember 2011

Der Herausgeber

Editorische Notiz

Technologiemanagement ist schwieriges Terrain. Dies gilt nicht nur für die thematische Breite, sondern auch für die fachliche Tiefe. Die Fachinhalte kamen von 14 Fraunhofer-Instituten, das Themenspektrum erstreckte sich von Optik/Licht über Sicherheit, Software, Elektrik, Semantik bis hin zu Materialien und Molekülen. Hier auf jeder Buchseite die richtige ‚Flughöhe' zu gewährleisten, war kein leichtes Unterfangen und ob es gelungen ist, wird der Leser entscheiden. Das Thema in all seinen Facetten vor den Augen des Lesers lebendig zu machen, kann nur in Zusammenarbeit mit einem großen Team von Expertinnen und Experten gelingen. Ein erfahrungsgesättigtes Fachbuch ist neben der Initiative des Herausgebers vor allem dem Engagement und dem Know-how dieser Fachexpertinnen und Fachexperten zu verdanken.

Zum Zustandekommen dieses Buches haben beigetragen: Antonino Ardilio (Fraunhofer-Institut für Arbeitswirtschaft und Organisation, IAO), Holger Breitenborn (Fraunhofer-Institut für Angewandte Optik und Feinmechanik, IOF), Stefanie Bunzel (Fraunhofer-Institut für Arbeitswirtschaft und Organisation, IAO), Dr. Birgit Drees (Fraunhofer Ernst-Mach-Institut, EMI), Dr. Peter Frach (Fraunhofer-Institut für Elektronenstrahl- und Plasmatechnik, FEP), Dr. Jochen Friedrich (Fraunhofer-Institut für Integrierte Systeme und Bauelementetechnologie, IISB), Dr. Wulf Grählert (Fraunhofer-Institut für Werkstoff- und Strahltechnik, IWS), Dr. Michael Jank (Fraunhofer Institute für Integrierte Systeme und Bauelementetechnologie, IISB), Dr. Carmen Gruber-Traub (Fraunhofer-Institut für Grenzflächen- und Bioverfahrenstechnik, IGB), Dr. Hagen Knaf (Fraunhofer-Institut Techno- und Wirtschaftsmathematik, ITWM), Prof. Dr. Georg Müller (Chrystal Consulting), Dr. Thomas Potinecke (Fraunhofer-Institut für Arbeitswirtschaft und Organisation, IAO), Dr. Andreas Schäfer (Fraunhofer-Institut für Intelligente Analyse- und Informationssysteme, IAIS), Tim Schloen, Frieder Schnabel (Fraunhofer Institut für Arbeitswirtschaft und Organisation, IAO), Dr. Alexander Slama (Fraunhofer-Institut für Arbeitswirtschaft und Organisation, IAO), Yvonne Siwczyk (Fraunhofer-Institut für Arbeitswirtschaft und Organisation, IAO), Kamilla Urban (Fraunhofer-Institut für Produktionsanlagen und Konstruktionstechnik, IPK), Dr. Armin Wedel (Fraunhofer-Institut für Angewandte Polymerforschung, IAP).

Unterstützt und koordiniert wurden die Fachexpertinnen und Fachexperten durch ein Team am Fraunhofer IAO, nämlich Stephanie Hahn, Marc Rüger sowie Dr. Dietmar Fischer (AGILeVIA GmbH).

Ihnen allen, die das gemeinsame Buchprojekt tatkräftig, konstruktiv und engagiert unterstützt haben, sei an dieser Stelle herzlich gedankt.

Der Verlag

Kapitel 1:

Was passiert eigentlich um uns herum?

Entwicklungsströme und Lösungsinseln

„Angewandte Forschung hat den grundsätzlichen Auftrag, die Zukunft aktiv mitzugestalten. Um hier die richtigen Schwerpunkte zu setzen, bedarf es zum einen der Kenntnis der langfristigen Entwicklungsströme und zum anderen einer großen Nähe zu den Bedürfnissen der Menschen. Beides gilt im Übrigen nicht nur für die Forschung, sondern in gleichem Maße für die Politik und vor allem für die Unternehmen. Letztere operieren nämlich genau an der Stelle, an der sich Zukunftsthemen in Realität, Trends in Produkte verwandeln: am Markt.“

Entwicklungsströme ...

Trends liegen im Trend. Es handelt sich dabei also um ein Modewort im doppelten Sinne. So bezeichnet ein ‚Modetrend' das Phänomen, dass viele Leute denselben Konsum- oder Verhaltensmustern folgen: Sie tragen die gleichen Kleider, hören die gleiche Musik und lesen die gleichen Bücher. Zum Beispiel solche, die Trends und Megatrends zum Inhalt haben. Diese zweite Lesart sieht in einem Trend die Grundrichtung einer Entwicklung, die aus der Vergangenheit in die Zukunft reicht. Vor allem Unternehmen sind stark daran interessiert, solche Entwicklungen wahrzunehmen und auf diese Weise zu Zukunftsprognosen zu kommen. Nun hat die Zukunft den entscheidenden Nachteil, dass sie zwar heute beginnt, im Wesentlichen aber erst morgen stattfindet. Und das Morgen gibt eine ganz schwache empirische Basis ab. So bleiben Befragungen, was man denn glaube, was morgen geschähe, auch dann spekulativ, wenn sie ansonsten allen statistischen und demoskopischen Anforderungen genügen. Auch die Wunschbilder vieler Menschen bleiben Wunschbilder. Und dennoch kann der Ratschlag nicht lauten, auf die Prognostizierung künftiger Entwicklungen zu verzichten. Es kommt, um mit dem griechischen Philosophen Perikles zu sprechen, nicht darauf an, die Zukunft zu wissen, sondern darauf, auf die Zukunft vorbereitet zu sein.

Die grundsätzliche Nichtvorhersehbarkeit der Zukunft ist für Unternehmen vor allem deshalb ein Dilemma, weil der Innovationsdruck, und damit der Druck, zukünftige Entwicklungen aktiv zu gestalten, immer mehr zunimmt. Um die Innovationsrisiken beherrschbar zu halten, sind die Unternehmen gezwungen, sich mit zukünftigen Entwicklungen, mit Trends und Megatrends, zu beschäftigen. Nun ist es glücklicherweise nicht so, dass die Zukunft immer sprunghaft eintritt und keiner nachvollziehbaren Entwicklungslinie folgt, wir also gar nichts über sie wissen können. Vielmehr gibt es durchaus langfristige Trends, die Vergangenheit, Gegenwart und Zukunft wesentlich prägen. Es gibt beobachtbare und plausibel vorhersehbare demographische, politische, wirtschaftliche, gesellschaftliche, wissenschaftliche und technologische Entwicklungsstränge, die in die Bildung von Szenarien einbezogen werden können, welche ‚Zukünfte' denkbar und plausibel wären. Die Wahrnehmung und Analyse solcher Entwicklungsstränge gehört heute zu den wichtigsten Aufgaben eines Unternehmens. Die wesentliche Herausforderung besteht hierbei darin, möglichst viel Wissen über die Welt, über Kunden, Märkte, Wettbewerber und Technologien zu sammeln, zu analysieren und Richtlinien für das eigene Handeln daraus abzuleiten.

Da die Gestaltung von Zukunft zu den Geschäftsgrundlagen der Fraunhofer Gesellschaft gehört, kann es nicht verwundern, dass wir uns seit langem, gemeinsam mit unseren unternehmerischen Partnern in der Industrie, mit Zukunftsszenarien und -trends beschäftigen. So lässt sich für die Analyse künftiger Megatrends ein Raster zugrunde legen, das in vier Beobachtungsfelder unterteilt ist: in biosphärische, gesellschaftliche, wirtschaftliche und technologische Entwicklungsströme. In dieses Suchraster fallen alle Entwicklungen und Trends, die für ein Unternehmen mittelfristig bedeutsam sind und damit den Rahmen für das Management von Innovationen bilden. Und nicht nur das: Die Ergebnisse von Trendanalysen müssen vor allem Strategie, Organisation und Prozesse eines Unternehmens prägen. In Zeiten schnellen Wandels ist Anpassungsfähigkeit wichtiger als Größe. Zukunftsfähig bleiben Unternehmen nur, wenn sie sich ständig erneuern, wenn sie morgen die besseren Produkte und die zufriedeneren Kunden haben.

... in der Biosphäre

Die Biosphäre ist „die Gesamtheit der von Lebewesen besiedelten Schichten der Erde" (Duden). Demgemäß bilden biosphärische Megatrends einen Rahmen, der Themen wie die Verfügbarkeit von Ressourcen, Umwelt- und Klimaschutz bzw. Nachhaltigkeit umfasst. Dass sich die Biosphäre der Erde tatsächlich in einem Prozess der Veränderung befindet, kann niemandem entgangen sein. Wir alle (und das heißt wirklich wir alle!) sind mit Phänomenen konfrontiert, die von der Klimaerwärmung über eine schrumpfende Artenvielfalt (Biodiversität), zunehmende Wasserknappheit bis zu plötzlich auftretenden Naturkatastrophen reichen. Die Veränderungen des globalen Ökosystems sind praktisch überall spürbar und haben ihrerseits Auswirkungen auf gesellschaftliche, wirtschaftliche oder technologische Entwicklungen.

Die in der Biosphäre verfügbaren Ressourcen sind endlich. Das gilt auch dann, wenn von den traditionellen fossilen Energieträgern auf andere, noch nicht oder kaum erschlossene Quellen ausgewichen wird. Auch die Tiefsee oder die Polargebiete bieten keine unerschöpflichen Rohstoffquellen. Das liegt in der Natur der Sache. Darüber hinaus birgt die Förderung in extremen Lagen erhebliche Risiken, von den Kosten gar nicht zu reden.

Eine reiche, noch kaum ausgebeutete Quelle wertvoller Rohstoffe liegt buchstäblich im Müll. Computer- und anderer Schrott enthält teilweise erhebliche Anteile an wertvollen Edelmetallen, die durch neuartige Technologien zur Stofftrennung gewonnen werden können. Hochrechnungen zeigen, dass das Kosten-Nutzen-Verhältnis beim so genannten ‚landfill-mining', der Rohstoffgewinnung auf der Mülldeponie, besser sein kann als bei der Ausbeutung natürlicher Vorkommen.

Ein besonders brisantes Thema ist der Umgang mit dem Rohstoff Wasser. Die zunehmende Wasserknappheit ist (leider) in weiten Teilen der Welt ein echter Megatrend. Die Lösung kann in der Aufbereitung von Brauchwasser zu Trinkwasser liegen, wofür die Technologien bereits heute weitgehend vorhanden sind. Ganz im Gegensatz zu den finanziellen Mitteln.

Die Diskussionen um CO_2-Emissionen zum Schutz des Weltklimas werden seit Jahren auf höchster Ebene geführt. Also ist die Bedeutung des Themas erkannt. Auch auf Unternehmensebene setzt sich zunehmend die Erkenntnis durch, dass jeder seinen Beitrag zur Entlastung der Umwelt leisten muss und kann. Mehr noch: ‚Green Technologies' oder Umwelttechnologien entwickeln sich zu einem profitablen Geschäft, ja zu einem eigenen Wirtschaftssektor. Hier handelt es sich mit Sicherheit um einen Entwicklungsstrang, der noch weit in die Zukunft weist. Bis hin zum Bau von Raffinerien, in denen Biodiesel CO_2-neutral aus Biomasse, beispielsweise gezüchteten Algen, gewonnen wird.

... in der Gesellschaft

Man muss kein Soziologe sein, um zu wissen, dass die Gesellschaft aus allen menschlichen Individuen besteht. Also beeinflussen gesellschaftliche Megatrends Einzelpersonen und Gemeinschaften gleichermaßen. Und umgekehrt haben individuelles Verhalten und Gruppenverhalten Einfluss auf die gesellschaftlichen Rahmenbedingungen. Insbesondere die demographische Entwicklung übt starke Einflüsse aus, sei es in Form einer alternden Bevölkerung durch Geburtenrückgang, sei es durch Übervölkerung infolge einer schnell ansteigenden Geburtenrate. Beide Trends können Sozialstrukturen verändern und aufbrechen, bewirken jedoch in jedem Fall einen Anpassungsdruck. Gesellschaftliche Trends können in einer starken Wechselwirkung mit technologischen Trends stehen, wie das Beispiel der so genannten sozialen Netzwerke im Internet zeigt, deren sozialer Zweck weniger deutlich ist als die Tatsache, dass zentrale gesellschaftliche Begriffe wie Freundschaft eine Umdeutung erfahren, die kaum ohne Folgen bleiben wird.

Gesellschaftliche Megatrends haben starken Einfluss auf Bildungssystem und Arbeitswelt, also das, was heute allgemein als das Wissenssystem einer Gesellschaft bezeichnet wird. Die Diskussion um Verkürzung der Schulzeit oder Verschiebung des Rentenalters sind Oberflächenphänomene tiefer liegender Trends. Bezogen auf den Wissenserwerb ist die These vom lebenslangen Lernen längst in den allgemeinen Sprachschatz eingegangen. Wobei die damit verbundene Vision einer Wissensgesellschaft noch auf sich warten lässt. So sind deren unterstellte Merkmale wie ‚Patchwork-Lebensläufe' oder die Befreiung der Arbeit aus zeitlichen und räumlichen Zwängen noch nicht in den Personalabteilungen der meisten Großunternehmen angekommen. Trotz des Trends zur Virtualisierung und Dezentralisierung von Arbeit werden komplexe Wertschöpfungsprozesse auch auf längere Sicht noch kontinuierliches Arbeiten ‚on time' und ‚vor Ort' notwendig machen. Wo ein Trend, ist meist auch ein Gegentrend.

Ist eine veränderte Arbeitswelt die eine Seite der Medaille, heißt die andere Seite ‚verändertes Freizeitverhalten' – seit jeher ein Schwerpunkt der Trendliteratur. Die Menschen scheinen sich mehr dafür zu interessieren, auf welchen Sportgeräten sie sich in Zukunft trimmen, welche exotischen Gegenden sie künftig bereisen werden, als dafür, wie sie das dafür notwendige Kleingeld verdienen. Nirgendwo blüht der belanglose Hedonismus so üppig wie in der Trend-Belletristik. Das Schlaraffenland lässt sich einfach besser als Zukunftsvision verkaufen als eine von harter Arbeit geprägte Welt.

Virtualität und Realität werden bei der Gestaltung von Freizeit miteinander verschmelzen – nicht nur auf Internetplattformen, sondern in Wald und Flur. Bereits heute bilden Geländespiele mit GPS-Ortung via Smartphone eine milde Art von ‚Mixed Reality', die in elaborierten Rollen- und Versteckspielen ‚zwischen den Welten' ihre konsequente Fortsetzung finden wird. Wenn's denn sein muss.

Weitere gesellschaftliche Trends heißen Urbanisierung und Mobilität. Themen, die nicht so neu sind, wie sie scheinen: „Ich sehe – lange nach 2000 – Stadtanlagen für zehn bis zwanzig Millionen Menschen, die sich über weite Landschaften verteilen, mit Bauten, gegen welche die größten der Gegenwart zwergenhaft wirken, und Verkehrsgedanken, die uns heute als Wahnsinn erscheinen würden" (vgl. Spengler 2007, S. 675). So schrieb Oswald Spengler bereits zu Beginn des 20. Jahrhunderts in seinem ‚Untergang des Abendlandes'. Auch wenn die Urbanisierung nicht auf direktem Wege zu demselben führen sollte, so wirft sie doch Fragen auf, die es schnellstmöglich zu beantworten gilt. Das Spektrum der Themen reicht vom Verbrauch wertvoller Agrarflächen über die Versorgung mit Wasser und Lebensmitteln bis zur Entsorgung von Abfällen jeder Art.

Die viel beschriebenen Megacities, in denen Millionen von Menschen auf engstem Raum zusammenleben, entstehen vor allem in den Schwellenländern. Aber auch Europa erlebt, nach Jahrzehnten der Zersiedelung, eine Renaissance und Restrukturierung (besser: Rezentrierung) der Stadt. In den Innenstädten wachsen Arbeit, Wohnen und Freizeit wieder zusammen. Eine dritte Stadtform entsteht erst auf dem Reißbrett und dann auf der grünen Wiese. Inklusive infrastrukturellem, energetischem und ökologischem Gesamtkonzept. Allerdings setzt der Bau solcher Retortenstädte den Einsatz immenser Finanzmittel voraus, weshalb sie kaum zum globalen Megatrend werden können.

Der Wunsch bzw. das Bedürfnis nach individueller Mobilität wird mittelfristig anhalten – bzw. in vielen Weltregionen erst entstehen. In der Folge müssen, vor allem im urbanen Umfeld, leistungsfähige Verkehrssysteme (‚neue Verkehrsgedanken', siehe oben) entstehen, die einen Mix zwischen öffentlichem und privatem Verkehr unterstützen. Dass all dies nur auf Basis neuer Antriebstechnologien für die eingesetzten Fahrzeuge funktionieren kann, ergibt sich zwangsläufig aus den globalen Megatrends. Darüber muss man, außer vielleicht in einigen entlegenen Weltgegenden, nicht mehr wirklich diskutieren.

Eine weitere Erkenntnis darf als gesichert gelten: sicherer wird die Welt kaum werden. Das subjektive Sicherheitsbedürfnis der Menschen nimmt ebenso zu wie die objektiven Sicherheitsbedarfe in der realen und der virtuellen Welt. Vor allem im ‚Cyberspace' drohen Gefahren mit durchaus realen (und realistischen) Auswirkungen. Trotzdem richten sich Ängste und Phobien nicht nur auf externe Bedrohungen oder das Auftreten aggressiver Krankheitserreger, sondern auf das Thema Sicherheit selbst. Ein Mehr an Sicherheit kann mit einem Weniger an Privatheit oder Autonomie einhergehen. Allein die Aufnahme und Speicherung biometrischer Merkmale wie Fingerabdrücke oder Körpergeometrie führt zu heftigem Streit. Datenschützern jedenfalls wird die Arbeit auch künftig nicht ausgehen. Ein Megatrend auch dies? Bei der Sicherheit muss jedenfalls abgewägt werden zwischen individuellen, gesellschaftlichen und, nicht zuletzt, wirtschaftlichen Interessen. Womit wir beim nächsten Themenkreis wären.

... in der Wirtschaft

Die wirtschaftlichen Trends sind eng mit den anderen Entwicklungen verflochten. Ökologische, technische und gesellschaftliche Einflüsse lassen sich von der Ökonomie nicht trennen, was vor allem angesichts des ‚Themas Nr. 1‘ deutlich wird: der Globalisierung. Diese wird nämlich, man mag das begrüßen oder nicht, weitergehen. Die Welt wird zum Dorf und das Dorf wird zur Stadt. So ähnlich ließen sich die gegenläufigen und durchaus widersprüchlichen Tendenzen der Globalisierung beschreiben. Ist im ‚alten Europa‘ teilweise eine Rückbesinnung auf lokale und regionale Märkte im Gange, so drängen die Boom-Länder Brasilien, Russland, Indien und China (‚BRIC-Länder‘) als Anbieter und als Konsumenten auf die Weltmärkte. Weitere Länder werden folgen. Das wird die Welt in beinahe jeder Hinsicht verändern, vor allem aber werden sich neue wirtschaftliche und politische Zentren herausbilden, die auch in der Gestaltung internationaler Organisationen ihren Niederschlag finden müssen.

Eine Herausforderung wird sicherlich darin bestehen, die Spekulationen um knappe Güter wie Rohstoffe und Lebensmittel einzudämmen. Verknappung treibt den Preis und steigert die Gewinnaussichten; mithin treten Spekulanten fast zwangsläufig auf den Plan. Vor allem mit Blick auf die Lebensmittelversorgung ärmerer Länder müssen hier Mechanismen etabliert werden, die über die reine Marktlogik hinausgehen und ethische Maßstäbe mit berücksichtigen. Besonders deutlich wird dies im Bereich der nachwachsenden Rohstoffe für Energiegewinnung und Mobilität. Aus der Gewinnung von Biodiesel aus Mais oder Strom aus Weizen erwächst ein Zielkonflikt mit der Nahrungsmittelproduktion. Hier kann, im weltweiten Maßstab, der Preis bzw. die Fähigkeit, hohe Preise zu zahlen, nicht das alleinige Regulativ sein.

Die oben angesprochene Entwicklung in den BRIC- und Schwellenländern lässt neue Konsummärkte mit schnell wachsenden Produktsortimenten entstehen. Gleichzeitig differenzieren sich die reifen Märkte der Triade weiter aus. Hier wird ein seit langem beobachtbarer Trend anhalten: die Mitte verschwindet. Während Hochpreis- und Luxussegmente überproportionale Zuwächse verzeichnen, kommt das mittlere Preissegment immer stärker unter Druck. Vor allem der Massenkonsum wird durch neue Dispositions-, Einkaufs- und Abrechnungsfunktionen revolutioniert, bei denen neue Informations- und Kommunikationstechnologien eine herausragende Rolle spielen. Was nicht ohne Auswirkung auf die Gestaltung der Wertschöpfungsketten bleibt.

Die heute geübte Praxis, Rohmaterialien, Zwischenprodukte und Fertigwaren kreuz und quer um die Welt zu schicken, stößt deutlich an ihre Grenzen. Die Produktionsstätten rücken näher an die Märkte heran, weil das Thema Transportkosten gegenüber den Personalkosten an Bedeutung gewinnt. Dieser Trend zur stärkeren Regionalisierung von Wertschöpfungsketten ändert jedoch in der Endsumme nichts daran, dass das weltweite Transportaufkommen weiter steigt. Verantwortlich dafür ist vor allem der Anstieg der (mobilen) Weltbevölkerung und das mitwachsende Handelsvolumen. Was ebenfalls nicht ohne Konflikte bleibt, für die neue technische Lösungen erforderlich werden.

... in der Technologie

Die technologischen Megatrends sind gekennzeichnet durch das Aufweichen der Grenzen zwischen den Fachgebieten und Disziplinen. Diese Neukombination lässt, ganz im Sinne Schumpeters, neue Prozesse, Produkte und Systeme entstehen. Wesentliche Treiber sind immer leistungsfähigere Software- und Hardwarelösungen, die neue Dimensionen der Visualisierung und der Erprobung möglich machen.

Allein das Wort Biotechnologie beschwört unangenehme Visionen von geklonten Monstern herauf, die ihre eigenen Schöpfer und die halbe Menschheit ins Verderben stürzen. Dabei befasst sich Biotechnologie erstens mit Pflanzen zur Versorgung mit Rohstoffen, Energie und Nahrung, zweitens mit Industrien zum Klima- und Umweltschutz sowie drittens mit Pharma und Medizin. Bereits heute ist Biotechnologie aus dem letztgenannten Bereich nicht mehr wegzudenken. Immense Potenziale stecken jedoch nicht nur hier, sondern vor allem in der so genannten ‚weißen Biotechnologie', wo durch den industriellen Einsatz von Enzymen in der Waschmittelproduktion drei Viertel der heute für das Waschen aufgewendeten Energie eingespart werden können – um nur ein Beispiel zu nennen.

Enzyme sind kleine Teile mit großer Wirkung und damit potenziell Gegenstand der Nanotechnologie. Diese findet sowohl in der Biologie als auch in Physik und Chemie Anwendung, wenn es darum geht, Werkstoffe auf Basis kleinster Bausteine gezielt zu gestalten – unter anderem mit dem Ziel, Oberflächeneigenschaften oder Materialstrukturen zu verändern.

Neue Werkstoffe sind namentlich im Fahrzeugbau ein Megathema. Getrieben durch Umweltschutzziele spielt vor allem die Entwicklung von Materialien für den Leichtbau eine bedeutende Rolle. Durch Gewichtsminderungen lassen sich Verbrauch und Schadstoffausstoß deutlich reduzieren, ohne dabei Einbußen bei Fahreigenschaften oder Insassensicherheit in Kauf nehmen zu müssen. Jedoch geht die Entwicklung neuer

Werkstoffe über den Leichtbau noch weit hinaus. Die Medizintechnik versucht, Materialien zu finden, die bei operativen Eingriffen oder Implantaten besser verträglich sind und die Nachsorge von Operationen erleichtern. Verstärken wird sich der Trend zu so genannten ‚Smart Materials', die bei wechselnden Umgebungsbedingungen ihre Eigenschaften ändern können. Auch die Hybridisierung macht nicht vor Werkstoffen halt. Mithilfe neuartiger Fügetechniken lassen sich sehr unterschiedliche Materialien miteinander verbinden, bis hin zu Hybriden aus organischem und anorganischem Material.

Nur wenige Bereiche stehen so im Fokus der Technologieentwicklung wie die Medizin. Die Altersstruktur der Bevölkerung macht schon aus Kostengründen eine Optimierung der medizinischen Versorgung notwendig, ohne dass bei Diagnose und Therapie Qualitätseinbußen auftreten. Eine Entwicklung geht dabei in Richtung verstärkter Automatisierung oder besserer Visualisierung. Beides kann die Diagnose deutlich verbessern und beschleunigen. Denkt man das Diagnosethema konsequent weiter, kommt man zur Überwachung, in der modernen Medizin auch als ‚Monitoring' bezeichnet. Die Rede ist von einer Fernüberwachung und -betreuung von Patienten, deren kritische Daten von der eigenen Wohnung in die Klinik übertragen und dort automatisch auf ihren Verlauf hin untersucht werden. Die Betreuung und Überwachung muss nicht mehr stationär erfolgen – ein möglicher Schritt zur Vermeidung des Pflegenotstands. Bei aller medial geübten Kritik an den Pharmakonzernen und ihren Geschäftspraktiken muss man doch feststellen, dass die Entwicklung neuer Medikamente voranschreitet und mit neuen technologischen Möglichkeiten auch in Zukunft weiter fortschreiten wird.

Optische Technologien spielen in Zukunftsvisionen seit jeher eine wichtige Rolle. Kaum ein Science-Fiction-Film ohne Laserschwert. Tatsächlich bietet technisches Licht Lösungsmöglichkeiten für zahlreiche Anwendungen, wie man bereits heute sehen kann. Längst sind Augenoperationen mit dem Laser Usus, längst verlegen deutsche Kommunen Glasfaserkabel für die unterirdische Datenautobahn. Beides Anwendungen optischer Technologien. Im industriellen Kontext gehören Lasermaschinen ebenfalls seit Jahren zum Alltagsbild – und unternehmen jetzt einen Vorstoß in die Produktion und Bearbeitung kleinster Strukturen und Minisysteme. Neue Möglichkeiten der optischen Darstellungstechnik, sei es im Druckbereich, sei es bei Displays, werden unsere künftige Umgebung stark prägen. Hier ragt eine Technologie heraus, die als ‚organische LED' (OLED) bezeichnet wird. OLEDs sind Kunststoffe, die für flexible, biegsame Displays verwendet werden, beispielsweise für den zusammenrollbaren Bildschirm. An Einsatzmöglichkeiten für diese Technologie herrscht mit Sicherheit kein Mangel, was an anderer Stelle in diesem Buch noch deutlich wird.

Ein breiter Entwicklungsstrom bewegt sich in Richtung fortschrittlicher Energie- und Umwelttechnik. Dabei geht es vor allem darum, den künftigen Energiebedarf möglichst umweltschonend zu decken. Im Fokus steht nach wie vor die Solarenergie, ganz einfach deshalb, weil die Sonne ein gewaltiger Energielieferant ist und, in menschlichen Größenordnungen gedacht, noch längere Zeit scheinen wird. Auch Wasser, Wind, Erdwärme und Biomasse bergen Potenziale, die es technisch zu erschließen gilt. Das Spektrum reicht vom schwimmenden Gezeitenkraftwerk bis zum aus Algen gewonnenen Bio-Kerosin. Der Phantasie sind hier so wenig Grenzen gesetzt wie dem Erfindungsgeist der Forschung.

Die ständige Verbesserung der Effizienz gehört für die industrielle Produktions- und Prozesstechnik seit Jahren zu den Leitthemen. Dieser Trend wird erstens weiter anhalten und zweitens um eine weitere Anforderung bereichert werden: Energieeffizienz. Energieeffiziente Prozesse wirken sich günstig auf die Kosten aus und schonen die Umwelt. Eine Situation, die allen Seiten Vorteile bietet.

Die fortschreitende Digitalisierung und Virtualisierung von Produktionsprozessen macht eine Optimierung – auch in Richtung Energieeffizienz – möglich, bevor eine Fabrik aus Stein und Eisen entsteht. Fehlplanungen werden ausgeschlossen oder zumindest minimiert. Außer im Rahmen der Planung können Simulation und Erprobung auch bei laufender Produktion durchgeführt werden, der ‚Digitalen Fabrik' gehört eindeutig die Zukunft.

Gleiches gilt für die Entwicklung von 3D-Druckern, die ursprünglich im Modell- und Prototypenbau zum Einsatz kamen. Aus einem Computermodell entsteht auf Knopfdruck ein reales Objekt, dessen Stoffeigenschaften vom Ausgangsmaterial abhängen. Der Anwendung sind kaum Grenzen gesetzt, auch wenn das in der Literatur häufig zitierte Ausdrucken von Lebensmitteln nicht nur bei Vertretern der Slow-Food-Bewegung auf Vorbehalte stoßen dürfte.

Das ‚Internet der Dinge' gehört zu den bereits etwas angejahrten Zukunftsvisionen. Dabei ist der Trend, Dinge des täglichen Gebrauchs mit Intelligenz auszustatten und miteinander zu vernetzen, ungebrochen. Darüber, ob man wirklich intelligente Tapeten oder schlaue Bekleidung braucht, lässt sich zweifellos streiten. Unstrittig ist dagegen, dass die Informations- und Kommunikationstechnik ein entscheidender Treiber für künftige Entwicklungen sein und bleiben wird. Sinnvoll ist die Verbreitung lokaler Intelligenz unter anderem für die Steuerung von Verkehrssystemen, indem sich die einzelnen Verkehrsträger automatisch und situativ miteinander abstimmen, um Unfälle oder Überlastungen zu vermeiden. Auch im Haushalt und in der medizinischen Überwachung lassen sich Anwendungen vorstellen, die angesichts einer alternden Bevölkerung Sinn machen könnten.

Eine Voraussetzung dafür, Dinge intelligent zu machen, sind Systeme, die klein genug sind, um sie in die unterschiedlichsten Umgebungen integrieren zu können. Akzeptanz erlangen solche Lösungen nämlich nur dann, wenn die Systeme unsichtbar sind und unauffällig arbeiten. Zumal ein Anwendungsgebiet wiederum die Medizintechnik ist –

bereits heute liegen erste Erfahrungen mit der Implantierung von optischen Systemen im menschlichen Auge vor. Auch hier könnte das Undenkbare möglich werden ...

Ein Schlagwort prägt Gegenwart und Zukunft wie kaum ein anderes: Digitalisierung. In den Medien ist mit Blick auf die heute heranwachsende Generation bereits von ‚Digital Natives' die Rede, von echten Eingeborenen des Cyberspace. Plastische und gegenständliche Auswirkungen hat die Digitalisierung in der Robotik. Noch während manche Zukunftsforscher über die vermeintliche Vision von Haushaltsrobotern spöttelten, begannen einige dieser elektronischen Gehilfen damit, Rasen zu mähen und Staub zu saugen. Auch diese Entwicklung wird und sollte weitergehen, um dem drohenden Mangel an Service- und Pflegekräften entgegenzuwirken. Wie bei vielen der hier kurz skizzierten Entwicklungen lautet die Kernfrage auch für die Service-Robotik nicht, ob sie eintreten, sondern *wann* sie eintreten wird.

Lösungsinseln

Angewandte Forschung hat den grundsätzlichen Auftrag, die Zukunft aktiv mitzugestalten. Um hier die richtigen Schwerpunkte zu setzen, bedarf es zum einen der Kenntnis der langfristigen Entwicklungsströme und zum anderen einer großen Nähe zu den Bedürfnissen der Menschen. Beides gilt im Übrigen nicht nur für die Forschung, sondern in gleichem Maße für die Politik und vor allem für die Unternehmen. Letztere operieren nämlich genau an der Stelle, an der sich Zukunftsthemen in Realität, Trends in Produkte verwandeln: am Markt. Wir werden auf diesen Gesichtspunkt noch zurückkommen. Allerdings sollte man sich bei der Suche nach tragfähigen Lösungen für die Zukunft darüber im Klaren sein, dass es die große ‚Patentlösung' nicht geben kann – die Welt ist schlicht zu komplex geworden. Die wohlfeile Forderung nach ganzheitlichen Lösungen klingt zwar attraktiv, ist aber nicht erfüllbar. Der Weg kann nur darin bestehen, Insellösungen zu erarbeiten und diese Schritt für Schritt miteinander zu vernetzen. Solche Lösungsinseln machen vor allem dort Sinn, wo die größten Bedarfe, die besten Umsetzungschancen und die geringsten Risiken liegen. Auf diese Weise lässt sich eine ‚short list' der Handlungs- oder Zukunftsfelder erstellen, die wir Ihnen auf den folgenden Seiten kurz vorstellen wollen.

Zukunftsfeld Gesundheit

Es kommt nicht von ungefähr, dass bei Geburtstagen der Wunsch nach Gesundheit meist an erster Stelle der Glückwünsche steht. Tatsächlich ist Gesundheit die Basis für alles andere – und das wird auch in Zukunft so sein. Was das mit Technologie zu tun hat? Technologien eröffnen die Chance, mit neuen Diagnoseverfahren und innovativen Operationstechniken die Möglichkeiten der Medizin ebenso zu verbessern wie durch technikgestützte Therapien zu Heilung und Regeneration, beispielsweise in der Orthopädie. Große Fortschritte lassen sich bei Prothetik und Neuroprothetik erzielen, wo die heutigen technischen Möglichkeiten nicht nur verblüffende, sondern auch praktikable Lösungen bieten. Anlässlich der Leichtathletik-Weltmeisterschaft 2011 gingen die Bilder des südafrikanischen 400-Meter-Läufers Oscar Pistorius um die Welt. Zwar konnte Pistorius das Finale nicht erreichen, er schied mit einer Zeit von 46,19 Sekunden im Halbfinale aus. Aber Oscar Pistorius ist, im Gegensatz zu all seinen Gegnern, beinamputiert und läuft mit einer Prothese.

Die Möglichkeiten moderner Informations- und Kommunikationstechnologie lassen sich für eine verbesserte Gesundheitsvorsorge ebenso nutzen wie für medizinische Überwachung und Assistenz. Ein Zukunftsthema sind hier persönliche Gesundheitsassistenten oder ‚elektronische Schutzengel'. Solche intelligenten Assistenzsysteme können dazu beitragen, dass Menschen bei Krankheit oder im Alter ein selbstbestimmtes Leben in den eigenen vier Wänden führen können, auch wenn keine Heerscharen häuslicher Helfer zur Verfügung stehen – was angesichts der demographischen Entwicklung ohnehin eine Utopie ist. Stichwort Utopie: Gerade der Einsatz assistierender Technologien wird, weil ungewohnt, allzu rasch in das Reich nutzloser Utopien verbannt. Merkwürdig nur, dass Vertreter dieser Sichtweise vor sozialen Utopien nicht zurückschrecken, um ihre technikfeindlichen Thesen zu retten. Das verbreitete Bild vom braungebrannten Fitnessrentner, der durch ausgewogene Ernährung ein biblisches Alter erreicht und hochbetagt, bei bester Gesundheit, stirbt, hat mehr Anteile reinen Wunschdenkens als der Vorschlag, kritische Körperwerte durch einen kleinen Transponder messen und rechtzeitig an einen mobilen medizinischen Dienst melden zu lassen. Die vom ‚Pillenknick' und anderen Faktoren gerissene Lücke in der Alterspyramide der Gesellschaft ist nicht mehr zu beheben, technologische Verwendungslücken im direkten Umfeld der Menschen dagegen schon. Aber dies nur am Rande.

Zukunftsfeld Sicherheit

Stellt man eine aktuelle Rangfolge menschlicher Grundbedürfnisse auf, dann folgt auf die Gesundheit sehr bald die Sicherheit. Wie anfällig nicht nur Individuen, sondern ganze Infrastrukturen sind, zeigen die regelmäßig wiederkehrenden Gefährdungen, um von Katastrophen gar nicht zu reden. Ein Vulkanausbruch, der den Flugverkehr zum Erliegen bringt und die Wirtschaft lähmt; die Gefahr von Cyber-Attacken auf lebenswichtige Datensysteme; die Geißel des Terrorismus: die Risiken sind zahlreich, die denkbaren Folgen prekär. Deshalb gehört es zu den vordringlichen Aufgaben der Technologieentwicklung, Konzepte zur Risikoeinschätzung und Risikovermeidung bis hin zu modernen Systemen des Katastrophenmanagements zu entwickeln. Dazu gehören zuverlässige Lösungen zur Datensicherheit ebenso wie Methoden zum Schutz von Menschen, Gebäuden und Infrastrukturen. Und: Technologie dient nicht nur dem Schutz von Menschen, sondern auch dem Schutz *vor* Menschen. Leider.

Weniger dramatisch, aber ökonomisch fundamental wichtig, ist die Sicherung von Personen und Gütern im weltumspannenden Transportsystem. Mit Hilfe durchgängiger Lokalisierungstechnologien lässt sich hier ein entscheidendes Mehr an Sicherheit erreichen. Aber auch ein Zugewinn an Schnelligkeit. So können künftig Waren, die in Häfen aus- und auf Schiene oder Straße umgeladen werden, durchgängig erfasst werden. Eine wesentliche Ursache für ‚Schwund' wird beseitigt.

Zukunftsfeld Kommunikation

Dass Kommunikation ein Zukunftsthema sein wird, lässt sich unschwer prognostizieren. Auch in diesem Feld ist die Forderung nach mehr Sicherheit zentral. Nur wenn sichere Datentransfers und ein effektiver Umgang mit Informationen gewährleistet sind, ist ein weiterer Ausbau der Kommunikationsnetze überhaupt sinnvoll. Handlungsbedarf besteht vor allem darin, die Bedienbarkeit elektronischer Geräte so weit zu verbessern, dass sie ihre (hoffentlich) segensreiche Wirkung für alle Nutzer gleichermaßen entfalten und nicht ganze Gruppen der Gesellschaft von der Teilhabe am Fortschritt ausschließen. Dazu gehört auch, im Daten- und Informationsdschungel den Durchblick zu behalten. Die Daten- und Informationsflut wäre nicht weiter tragisch, müssten nicht dennoch an vielen Stellen Menschen auf Basis dieser dynamischen und komplexen Daten sichere und vor allem richtige Entscheidungen fällen. Die Zukunftsdisziplin der ‚Visual Analytics' verbindet die automatische Analyse von Datenmengen mit neuartigen Techniken zur Visualisierung und schafft so die Grundlage für bessere Entscheidungen. Sei es in der Planung großer Infrastrukturmaßnahmen, sei es bei unternehmerischen Entscheidungen: Der richtige ‚Durchblick' braucht fast immer die Hilfe der Technologie ...

Zukunftsfeld Mobilität

Der moderne Mensch bewegt sich oder lässt sich bewegen. Aber beileibe nicht nur der. Ein unablässiger Strom von Menschen, Gütern und Informationen bewegt sich ständig über die Erde. Um diese Systeme der Mobilität auch tatsächlich mobil zu halten und nicht zum Stillstand kommen zu lassen, bedarf es modernster Simulationssysteme zur Verkehrsplanung als auch entsprechender Instrumente zur Steuerung wie intelligenten Navigationssystemen oder Assistenz- und Sicherheitskonzepte für den Individualverkehr. Damit der ‚Traum vom Fahren' nicht wegen notorischer Verkehrsüberlastung ausgeträumt ist.

Letzteres könnte auch geschehen, wenn die anstehenden Ressourcen- oder Emissionsprobleme nicht gelöst werden. Technisch gelöst wohlgemerkt, denn gesetzliche Vorgaben bewirken nicht immer das, was ursprünglich intendiert war. Tatsächlich ist gerade im Bereich der Mobilität die Ressourcen- und Emissionsproblematik besonders augenfällig. Die Forderung lautet: Das Auto der Zukunft muss ressourcenschonend gefertigt werden, mit geringem Kraftstoffverbrauch fahren, dabei wenig bis keine Schadstoffe in die Luft blasen und nur selten eine Wartung benötigen. Nicht mehr und nicht weniger. Erfolgversprechende Entwicklungen setzen beim Antriebsstrang an, der alle Komponenten zur Erzeugung von Drehmoment umfasst. Hier, zwischen Motor und Rad, geht ein großer Teil der Energie verloren, liegen die größten Potenziale zur Ressourcenschonung.

Weitere Themen im Fahrzeugbau sind Leichtbau und so genannte hybride Materialstrukturen. Letztere zielen darauf ab, Materialverbünde zu entwickeln, die günstige Eigenschaften mit geringen Herstellkosten verbinden. Neue Möglichkeiten eröffnen dabei Materialverbünde mit eingebauten Funktionen. Integrierte piezokeramische Fasern können als Sensoren und Aktoren wirken und lassen sich zur Vibrationsdämpfung verwenden. Was in letzter Konsequenz wieder Gewicht spart und die Energieeffizienz verbessert. Wir sind beim nächsten Thema.

Zukunftsfeld Energie

Energieeffizienz ist in der Industrie, wie bereits angesprochen, eines der prägenden Leitthemen der nächsten Jahre. Und nicht nur da. Auch der Energieeinsatz in Wohngebäuden, namentlich Altbauten, muss dringend optimiert werden. Rund ein Drittel des gesamten Energieverbrauchs in Deutschland entfällt darauf, Gebäude zu temperieren. Und ‚temperieren' meint durchaus auch die Kühlung postmoderner Gebäude mit großflächigen Glasfassaden. In Summe verbrauchen Altbauten drei- bis fünfmal mehr Heizenergie als moderne Häuser. Mit guter Dämmung, effizienter Heizung und Kühlung lassen sich bis zu 80 Prozent der Energie einsparen. Über multifunktionale Fassadenmodule kann die Gebäudemodernisierung einfach, energie- und kosteneffizient erfolgen.

Das Licht aus Glühbirnen wird, so will es die EU, in Kürze vollständig erloschen sein. Damit wir trotzdem nicht im Dunkeln sitzen müssen, arbeiten Forscher an Alternativen zur herkömmlichen Glühbirne, nämlich an hocheffizienten, kalten Lichtquellen aus Halbleitern. Aus Festkörpern also. Ziel ist die Entwicklung neuer Lichtsysteme, die dem Tageslicht ähnlich sind und sich in Form und Intensität jeder gewünschten Situation anpassen lassen. Und dabei Energie sparen, versteht sich.

Erneuerbare Energien spielen im Energiemix der Zukunft eine herausragende Rolle. Die Schwierigkeit besteht darin, Energieangebot und Energiebedarf miteinander abzugleichen. Das gilt vor allem für Sonnen- und Windenergie. Der Wind bläst nicht immer dann, wenn wir das Licht einschalten – und die Sonne ist dann naturgemäß auch weg. Es geht also um Energiespeicherung im Netz, die die Lieferung von Wind- und Sonnenenergie ebenso planbar machen wie die Produktion von Energie in konventionellen Kraftwerken. Kosteneffiziente Speicher gleichen die unregelmäßige Energieproduktion aus. Diese sind eine wichtige Voraussetzung dafür, dass regenerative Energie künftig stärker genutzt werden kann. Damit sind sie ein wichtiges Standbein für die sichere Energieversorgung von morgen.

Weitere Bausteine für den künftigen Energiemix könnten Brennstoffzellen und ein insgesamt intelligentes Energiemanagement sein. Beides ist, wie die anderen Lösungen auch, ohne gezielte Technologieentwicklung nicht zu haben.

Zukunftsfeld Umwelt

Unsere Umwelt ist bis an ihre Grenzen belastet. Das betrifft praktisch alle Arten von Emissionen. Während jedoch Themen wie Lärmvermeidung und Lärmdämmung vor allem für die Industrienationen Bedeutung haben, heißt das Thema Nr. 1 für den größten Teil der Welt: sauberes Wasser. Dass der Kampf um sauberes Wasser zu den entscheidenden Herausforderungen des 21. Jahrhunderts gehört, hat sich herumgesprochen. Dennoch ist es mit dem sparsamen Umgang mit dem kostbaren Nass nicht überall besonders weit her. Durch Systeme für ein dezentrales, integriertes Wassermanagement entsteht die Möglichkeit, den Wasserverbrauch zu senken und zu nachhaltigen Abwasserkonzepten zu kommen. Diese, wie auch Ansätze zur Wasseraufbereitung und Trinkwassergewinnung, benötigen den gezielten Einsatz von Clean-Technology. Wer also der Entwicklung neuer Technologien eine pauschale Absage erteilt, beraubt damit große Teile der auf der Erde lebenden Menschen ihrer Chance auf Zukunft. Technologie ist beileibe nicht alles, aber ohne Technologie ist alles nichts.

Voraus schauen

Wer seine Zukunft erfolgreich gestalten will, muss vorausschauend handeln. Das gilt für Individuen genauso wie für Unternehmen, Institutionen, ja ganze Industrien oder Volkswirtschaften. Die Politik der meisten Länder, die auf den Märkten der Zukunft mit Technologien vertreten sein wollen, hat dies erkannt und Aktivitäten zur Technikvorausschau auf den Weg gebracht. Die Aufgaben dieser Vorausschau lassen sich folgendermaßen auf den Punkt bringen: „Technikvorausschau soll 1. systematisch organisieren, was man nicht weiß, 2. feststellen, was man wissen muss, 3. den Sinn dessen, was man nicht weiß, diskutieren, 4. herausfinden, warum man etwas nicht weiß und diese Arbeit organisieren, 5. erforschen, welches neue Wissen notwendig ist und 6. durch neue Ideen ‚aufräumen'." (zitiert nach Cuhls 2009, S. 9).

Etwas weniger kryptisch, dafür aber ausführlicher, lassen sich die Ziele der Technikvorausschau wie folgt beschreiben:

- Frühwarnungen erhalten
- die Auswahl an Möglichkeiten erweitern, Prioritäten setzen und deren Folgen abschätzen
- neuen Bedarf und neue technische Möglichkeiten erfassen
- einen Planungskontext herstellen und begründen
- die strategische Planung beeinflussen
- neue Ideen einbeziehen
- unterbrochene Entwicklungen wieder aufnehmen
- eine konzentrierte Beobachtung in ökonomischen, technologischen, sozialen und ökologischen Bereichen anstoßen
- wünschbare und unerwünschte Zukünfte definieren
- Maßnahmen zur Realisierung der gewünschten Entwicklungen vorschlagen und
- eine kontinuierliche Diskussion anstoßen (vgl. ebd.)

Vorausschau scheint keine ganz einfache Disziplin zu sein. Ein Eindruck, der sich beim Blick auf die eingesetzten Methoden bestätigt. Ein Überblick zeigt allein zwölf Methodenschwerpunkte mit 70 Einzelmethoden – der Versuch einer kompletten Darstellung erübrigt sich an dieser Stelle. Lediglich die Schwerpunkte seien benannt: Kreativitätsverfahren, Monitoring, deskriptive Verfahren, Expertenmeinungen, Modelle und Simulationen, qualitative Analysen, Matrixverfahren, statistische Analysen, Trendanalysen, Bewertungsverfahren, Szenarien, Roadmapping. Das Spektrum der Methoden reicht von Bekanntem wie Brainstorming über Bewährtes wie Nutzwertanalyse bis zu Rätselhaftem wie Zeitreisen. Jedenfalls wird in der Literatur glaubhaft versichert, dass ein großer Teil dieser Methoden bei den Vorausschau-Aktivitäten in Ländern wie Japan, China, den USA oder Großbritannien zum Einsatz kommt. Und in Deutschland.

Zukunftsthemen für Deutschland

Das Bundesministerium für Bildung und Forschung (BMBF) hat 2007 einen so genannten ‚Foresight-Prozess' in Auftrag gegeben, dessen Ergebnisse 2009 publiziert wurden (Cuhls et al. 2009). Am Beginn des Prozesses stand die Frage, welche Forschungsthemen langfristig wichtig sind und welche dieser Themen adäquat vorangetrieben werden können. Damit verknüpft sollte untersucht werden, welche Gebiete in Forschung und Technologie ein ausreichendes Maß an Synergie- und Ausstrahleffekten aufweisen, um sie zu Impulsgebern für andere Bereiche zu machen. Dieser Aspekt der Vernetzung kommt auch in der Frage zum Ausdruck, welche Zukunftsfelder und Zukunftsthemen über die Grenzen von Disziplinen hinausgehen, einen bahnbrechenden Erkenntnisgewinn in Wissenschaft und Technologie versprechen und deshalb maßgeblich zur Lebensqualität der Menschen und zur nachhaltigen Ressourcenschonung beitragen.

Die Arbeit begann damit, in den bereits zuvor etablierten Zukunfts*feldern* die so genannten Zukunfts*themen* zu identifizieren. Die Zukunftsfelder sind dem aufmerksamen Leser teilweise bereits bekannt. Sie heißen: Gesundheitsforschung, Mobilität, Energie Umweltschutz und nachhaltige Entwicklung, Industrielle Produktionssysteme, Informations- und Kommunikationstechnologie, Lebenswissenschaften und Biotechnologie, Nanotechnologie, Materialien, Werkstoffe und ihre Herstellungsverfahren, Neurowissenschaften und Lernforschung, Optische Technologie, Service Sciences, System- und Komplexitätsforschung, Wasserforschung.

Die Zukunftsthemen wurden einer eingehenden Analyse unterworfen, mit Experten aus dem In- und Ausland diskutiert, bewertet, sortiert und ausgewählt. Die Ergebnisse dieser Arbeit sind dokumentiert und im Internet publiziert unter: http://www.isi.fraunhofer.de/bmbf-foresight.php und www.iao.fraunhofer.de/foresight. Ein besonderes Augenmerk galt den Querverbindungen zwischen einzelnen Themen und Disziplinen, die jenseits der bisherigen Fachlogik der Forschungslandschaft liegen. Hier kam eine Auswahl der Vorausschau-Methoden wie Bibliometrie, Monitoring, Inventoren-Scouting, Online-Befragungen etc. zum Einsatz. Das Ergebnis sind Zukunftsfelder neuen Zuschnitts, die der deutschen Forschungslandschaft der Zukunft ein neues, verändertes Aussehen geben könnten.

Zukunftsfelder neuen Zuschnitts

1. Mensch-Technik-Kooperation
2. Das Alter entschlüsseln
3. Zukunftsfähige Lebensräume
4. Produzieren/Konsumieren 2.0
5. Transdisziplinäre Modelle und Multiskalensimulation
6. Zeitforschung
7. Zukunftsfähige Energielösungen

(Quelle: Cuhls et al. 2009)

Nun wird sich mancher Praktiker fragen, was ihm diese Liste denn sagen soll. Die theoretische ‚Flughöhe' scheint auf den ersten Blick gewaltig zu sein. Aber es handelt sich erstens um strategische Forschungsfelder, deren Akteure vor allem in der institutionellen Forschung und in Großunternehmen sitzen. Und zweitens lassen sich die einzelnen Felder sehr wohl auf die Belange der industriellen Praxis herunterbrechen. Die Zeitforschung beschäftigt sich beispielsweise mit der Problematik, dass Technologie- und Entwicklungszyklen stark voneinander abweichen, was bereits heute viele F&E-Abteilungen tangiert. So hat der Fahrzeugbau teilweise damit zu kämpfen, dass sich die Entwicklung neuer Werkstoffe über Jahrzehnte ziehen kann, elektronische Komponenten jedoch innerhalb weniger Monate veralten. Das ‚Auto der Zukunft' kann nur entwickeln und bauen, wer alle Zyklen miteinander synchronisiert. Antworten soll die Zeitforschung liefern.

Allgemein verständlich wird deren Forschungsgegenstand in der Teildisziplin Chronobiologie. Hier geht es darum, die individuelle, zeitabhängige Leistungskurve von Menschen zu erforschen. Wirtschaftliche Relevanz hat dieses Thema beispielsweise im Umfeld der Schichtarbeit oder bei Entwicklungsarbeiten, an denen Mitarbeiter in unterschiedlichen Zeitzonen gleichzeitig beteiligt sind. Völlig alltagstauglich ist die Frage, welcher zeitabhängige Leistungstyp jeder Einzelne ist – verknüpft mit der Frage, wann man Bäume ausreißt und wann man besser im Bett bleibt ...

Den Markt treffen

Neue Technologien werden in der Zukunft nur dann eine tragende Rolle spielen, wenn sie auf einen konkreten Bedarf treffen. Ist dies nicht der Fall, versickert, um im Bild zu bleiben, der Entwicklungsstrom. Der Ort, an dem Technologieangebot und Nachfrage bzw. Anwendung aufeinandertreffen, ist der Markt. Also muss eine Technologie, um erstens zukunftsfähig zu sein und zweitens profitabel zu werden, zunächst einmal in den Markt gelangen. Und das ist nicht so trivial, wie es auf den ersten Blick scheinen mag.

Ohne einer unkritisch marktliberalen Position das Wort reden zu wollen, muss man doch konstatieren, dass der Markt im Zentrum allen unternehmerischen Handelns steht. Standardwerke wie das ‚Gabler Wirtschaftslexikon' definieren den Begriff über das „Zusammentreffen von Angebot und Nachfrage, durch das sich Preise bilden" (vgl. Gabler 1997, S. 2548). Da der Preis ein Ausdruck für den realisierbaren Wert ist, kann man folgern, dass der Markt das Ziel von Wertschöpfung ist, von Geschäft. Und hier schließt sich der Kreis: Technologie muss so schnell und treffsicher wie möglich an den Markt gelangen, dort einen Wert darstellen und auf diese Weise Geschäft generieren. Was ebenfalls alles andere als trivial ist, weil die künftigen Möglichkeiten, mit neuer Technologie Geschäfte zu machen, ein passendes Geschäftsmodell voraussetzen. Davon, wie künftige Geschäftsmodelle aussehen können, wird im Ausblick dieses Buches noch ausführlicher die Rede sein.

Zuvor jedoch wollen wir uns der Frage widmen, wie der Prozess aussehen kann, der Technologien erfolgreich in Märkte führt. Um einen ersten Überblick zu bekommen, kann man den Verlauf des Prozesses in Form von Leitfragen skizzieren:

Leitfrage 1

Was geschieht eigentlich um uns herum und wie werden sich unsere Zukünfte entwickeln? Die Antwort führt zu den globalen Entwicklungsströmen und Zukunftsfeldern, die in diesem ersten Kapitel beschrieben sind.

Leitfrage 2

Was können wir tun und welche Maßnahmen müssen wir ergreifen? Diese handlungsorientierte Frage weist auf den Gesamtprozess, wie Technologien in den Markt gelangen und wird im ganzen Buch behandelt.

Leitfrage 3

Welche Technologien beherrschen wir überhaupt – und welche nicht? Mit der Beantwortung dieser Frage wird die Arena der Technologieentwicklung bereitet, zu finden in Kapitel 2.

Leitfrage 4

Wo haben wir die besten Chancen? Oder, anders gefragt: Wie können wir die zukünftig für uns relevanten Technologien identifizieren? Lösungsansatz, Methoden und Beispiele lernen Sie in Kapitel 3 kennen.

Leitfrage 5

Wie schonen wir die Ressourcen? Energie- und Ressourceneffizienz werden künftig zur Grundbedingung für unternehmerisches, industrielles Handeln. Mehr darüber in Kapitel 4.

Leitfrage 6:

Wo stehen wir heute wirklich und wie kommen wir weiter? Diese Frage zielt auf den Vergleich von Technologien und darauf, wie man eine optimale Technologieentwicklung betreibt (Kapitel 5).

Leitfrage 7:

Wie sieht die Patentsituation aus und wie nutzen wir Potenziale? Die Durchsetzung von Innovationen basiert auf einer fundierten Patentstrategie. Hier kann man angesichts der weltweiten Patentsituation leicht die Übersicht verlieren. Wie man diese zurückgewinnt, skizziert Kapitel 6.

Leitfrage 8:

Wo greifen wir an? Heißt: Wo liegen unsere Zukunftsmärkte und wie können wir diese bearbeiten? Technologieentwicklung ist eine Entdeckungsreise in unbekanntes Terrain, die man nicht ohne taugliche Orientierungshilfe unternehmen sollte. Hinweise gibt Kapitel 7.

Leitfrage 9:

Wie verdienen wir künftig unser Geld? Die Rede ist von den Geschäftsmodellen der Zukunft, die in diesem Buch nur grob angerissen werden können. Hier ist noch Arbeit zu leisten – Entwicklungsarbeit.

Wer all diese Fragen für sein Unternehmen oder seine Institution sicher beantworten kann, ist erstens zu beneiden und kann sich die Mühe des Lesens ersparen. Allen anderen sei eine angenehme, lehrreiche Lektüre empfohlen. Die Arena wird bereitet.

Kapitel 2:

„Was beherrschen wir (nicht)?“

Die Arena wird bereitet

„Erfolg besteht darin, dass man genau die Fähigkeiten hat, die im Moment gefragt sind.“ *Henry Ford*

Gewinner fragen: Was müssen wir besser machen?

Zehnkampf ist die Königsdisziplin der Leichtathletik. Zehnkämpfer sind vor allem für ihre Wettkampf-Härte bekannt. Zu den ersten Runden auf dem Rasen des Vorbereitungsplatzes gehört: Muskulatur aufwärmen. Lockern. Dehnen. Mit dem 100-Meter-Lauf beginnt der eigentliche Wettkampf. Bereits hier sind schon manche Medaillenträume zerplatzt. Der Sieger und damit der König der Athleten steht nach dem 1.500-m-Lauf am Ende des zweiten Wettkampftages fest.

Technologieentwicklung ist vergleichbar mit einem Zehnkampf. Auch in diesem Feld kommt es nicht darauf an, in nur einer Disziplin herausragend zu sein, sondern in möglichst vielen sehr gut. Zehnkämpfer müssen zehn verschiedene Leichtathletik-Disziplinen beherrschen und stets versuchen, Defizite in einem Bereich durch herausragende Leistungen in einem anderen auszugleichen. Insofern ist es wohl nicht übertrieben zu sagen, dass die besten Zehnkämpfer als Universalkönner gesehen werden können. Das Ziel eines jeden Athleten ist es, in keiner Einzeldisziplin ein ‚Null-Resultat' zu erzielen, sondern immer ein Ergebnis angerechnet zu bekommen. Die Weichen werden schon ab der ersten Disziplin auf Sieg gestellt.

Wie sieht eine frühe Diagnose aus?

Voraussetzung für die Optimierung der eigenen Technologieentwicklungsfähigkeit ist ein fundierter Überblick über die aktuelle Situation. Gleich einem Sportarzt, der bei körperlichen Beschwerden (sportlichem Leistungsabfall, Minderleistungen) vor dem Therapiebeginn erst einmal eine Bestandsaufnahme der körperlichen Konstitution durchführt. Ganz genau zu wissen, was eine Organisation, ein Unternehmen in Sachen Technologieentwicklung beherrscht, ist die notwendige Bedingung für eine zielführende Leistungssteigerung gleich wie die Kenntnis über Dinge, die (noch) nicht beherrscht werden. Zu wissen, was es nicht beherrscht, ist ebenfalls gut und notwendig. Es hilft nicht, sich selbst Sand in die Augen zu streuen oder sich auf die eigenen Schultern zu klopfen.

Technologieentwicklung ist nicht Kür, sondern Pflicht

In vielen Organisationen ist das Technologie- und Produkt-Portfolio unausgewogen. Zwar *vermutet* das Management, es *müsste vielleicht* ein besseres Marketing betrieben werden. Eine fundierte, vermutungsfreie Information hierüber bedarf jedoch einer gewissen Systematik. Hilfreich wäre auch, wenn das Management die Erfolgskriterien kennen und dann die entsprechenden Maßnahmen anwenden würde. Andernfalls gerät Technologieentwicklung schnell zu einer isolierten Aktion. Wachstum und Profit hängen dann mehr vom Einfallsreichtum und dem Improvisationstalent einzelner Gruppen ab als von der Fähigkeit des Managements, die Kompetenzen vieler in einer ehrgeizigen Agenda zusammenzufügen.

Genau an diesem Punkt setzt eine innovative Methode namens TechAudit an, die einfach in der Anwendung und flexibel einsetzbar ist. „Nur ein System, das auditierbar ist, ist auch verbesserbar.“ So ähnlich begründen Fachleute ihre Vorliebe für Audits aller Art. Um jedoch an dieser Stelle gleich einem eventuellen Missverständnis vorzubeugen: Nicht jeder Technologieentwicklungsprozess beginnt damit, die eigenen Stärken und Schwächen zu beleuchten. Vielmehr handelt es sich um einen einmaligen Akt bei denjenigen Forschungseinrichtungen und Organisationen, die sich noch nicht explizit mit diesem Thema auseinandergesetzt, aber gemerkt haben, dass sie in diesem Bereich dringend etwas tun müssen.

Das TechAudit lässt sich hervorragend als einmaliger Basis-Check verwenden, liefert eine strukturierte Bestimmung des eigenen Standorts und ermöglicht Antworten auf Fragen wie: „Wo stehen wir mit unserer Fähigkeit, neue Technologien zu entwickeln?“ Aber auch: „Wo stehen wir in einzelnen Prozessen?“

1. Fähigkeiten messen: Der Basis-Check

Um neue Technologien zu entwickeln, ist mehr als eine einzige Fähigkeit erforderlich. Es geht, wie gesagt, um ein ganzes Bündel. Um nur einige Beispiele zu nennen: Organisationen, aber auch Forschungseinrichtungen müssen ...

- ... strategische Investitionen frühzeitig planen und bewilligen,
- ... systematisch konkrete Zielmärkte identifizieren. Dazu benötigen sie umfangreiche Kenntnisse über Rahmenbedingungen, Preisstrukturen und Kundenwünsche,
- ... Kundenanforderungen systematisch und methodengestützt ermitteln,
- ... sich frühzeitig über Markttrends informieren, beispielsweise durch regelmäßigen Kontakt mit Marktexperten,
- ... die Marktakzeptanz sehr gut einschätzen können, indem die Alleinstellungsmerkmale der Produkte systematisch identifiziert werden,
- ... Kenntnisse über relevante Basistechnologien besitzen, um die technische Machbarkeit einer Adaption sicher einschätzen zu können,
- ... gezielt Patente erstellen, um die Ergebnisse sowie die Wettbewerbsposition zu sichern,
- ... neuen Kooperationsmodellen gegenüber aufgeschlossen sein, um mit Kunden und Partnern Synergieeffekte erschließen zu können,
- ... Ergebnisse durch systematisches Marketing professionell in den Außenraum kommunizieren.

Um diesem Bündel an Anforderungen gerecht werden zu können, müssen die entsprechenden Fähigkeiten vorhanden sein. Es geht also nicht so sehr um Wollen oder Dürfen, sondern um das Können. Und dazu müssen Menschen zusammengebracht, Prozesse und Strukturen überdacht werden.

Die Faktoren: DNS des Erfolgs

Was, so haben wir uns bei Fraunhofer gefragt, ist das Geheimnis (wirtschaftlich) erfolgreicher Forschungseinrichtungen? Was machen sie besser als die weniger erfolgreichen? Um diese Frage zu beantworten, haben wir analysiert, welche Faktoren deren Erfolg bestimmen und was die Besten anders machen als die ‚Nachzügler'. Aber was genau ist ‚Erfolg'? Ein wirkliches Highlight an dem konzeptionellen Ansatz des TechAudits ist die Ausgangsfrage, was wirklich Einfluss auf den Wirtschaftsertrag hat. Zwar gibt es ähnliche Untersuchungen, die sich mit dieser Fragestellung bereits beschäftigt haben. Allerdings weisen sie durch die Bank dasselbe Manko auf: Es handelt sich ausschließlich um *allgemeine* Erfolgsfaktoren. Wir bei Fraunhofer sagen: Erfolg wird von Faktoren determiniert, die einen positiven Einfluss auf die Umsatzsteigerung/höhere Erträge haben. (In einer aktuellen Studie mit Industriebetrieben werden aus einem Bündel an 29 Faktoren gerade die industrierelevanten Erfolgsfaktoren herausgefiltert.) Um diese Erfolgsfaktoren zu messen, gibt es eine Checkliste aus Erfolgsfaktoren, die 19 Aussagen enthält. Das Vorgehen ist einfach und unkompliziert. Die Interviewpartner beantworten die Aussagen auf einer Skala von 1 „trifft gar nicht zu" bis 7 „trifft voll zu" und geben damit eine individuelle Einschätzung der Situation ab. Um Ihnen einen Eindruck zu vermitteln, haben wir drei konkrete Aussagen herausgegriffen:

- Wir identifizieren systematisch konkrete Zielmärkte.
- Wir überprüfen das Erfolgspotenzial der Einzeltechnologien anhand von klaren Kriterien.
- Wir ermitteln systematisch und methodengestützt Kundenanforderungen.

Interviewpartner mit einer Aussage zu konfrontieren, ist eine andere, eher ungewöhnliche Art des Einstiegs ins Thema. Schließlich wäre ja auch denkbar zu fragen: „Identifizieren Sie systematisch konkrete Zielmärkte?" Die Crux bei dieser Art, eine geschlossene Frage zu stellen, besteht darin, dass Ihr Interviewpartner ‚digital' antwortet – mit ‚ja' oder ‚nein'. Diese Antwort führt jedoch nicht wirklich weiter, denn auf diese Weise bekommen Sie kein Gespür für die tatsächliche Situation. Und genau der gilt es in einem nächsten Schritt auf den Grund zu gehen, indem jede Aussage hinterfragt wird.

Warum wird eine bestimmte Situation so und nicht anders eingeschätzt? Die meisten Antworten beginnen dann mit „Weil...".

„Weil wir uns die Zeit dafür nicht nehmen."

„Weil wir nicht wissen, wie es geht."

„Weil uns die methodische Unterstützung fehlt."

„Weil wir kein Geld für Trainings haben".

Jetzt schlägt die Stunde des weiteren gezielten Nachfragens von Seiten derer, die das Interview durchführen. „Was müsste aus Ihrer Sicht anders sein?" „Haben Sie Ideen, wie diese Situation verbessert werden könnte?" Dies ist in der Regel der Einstieg in eine qualitative Analyse der Ist-Situation. Ziel ist, nicht nur einen repräsentativen Querschnitt über die Hierarchieebenen zu bekommen (ein wissenschaftlicher Mitarbeiter hat einen anderen Blick als ein Mitglied im Führungsteam), sondern auch einen neuen Blickwinkel in die Forschungseinrichtungen hineinzutragen.

2. Die Leistungsfähigkeit bewerten, Verbesserungspotenziale identifizieren

Die beantworteten Fragen bewerten: Die SWOT-Analyse

Um die Leistungsfähigkeit zu bewerten und Verbesserungspotenziale zu identifizieren, bietet sich als hilfreiches Werkzeug die SWOT-Analyse an. Das Akronym steht für die englischsprachigen Begriffe Strenghts, Weaknesses, Opportunities und Threats, zu Deutsch: Stärken, Schwächen, Chancen und Risiken. Die SWOT-Analyse ist eines der gebräuchlichsten strategischen Modelle und hat ihren Ursprung in der strategischen ‚Design'-Schule, „fraglos die einflussreichste Denkschule auf dem Gebiet der Strategieentwicklung" (Mintzberg 1999, S. 38). Deren Vertreter betrachten die Entwicklung von Strategien als einen beabsichtigten und konzeptionellen Prozess und propagieren ein Strategieentwicklungsmodell, das eine Anpassung der internen Fähigkeiten an die externen Möglichkeiten anstrebt.

Hierzulande ist die SWOT-Analyse überwiegend unter der Bezeichnung Potenzialanalyse bekannt. Der deutsche Begriff ist wesentlich eindeutiger als die internationale Bezeichnung: Die Ergebnisse sollen das Potenzial, das in einem Unternehmen schlummert, begreiflich machen. Die Leitfrage lautet, wie ein Unternehmen so mit den Stärken, Schwächen, Chancen und Risiken umgehen kann, dass es mit seinen Schwächen umzugehen weiß, die Risiken zu antizipieren versteht und seine Technologieentwicklungsfähigkeit optimieren kann.

Für Analysen haben viele Unternehmen keine Zeit – das hören wir immer wieder. Aber „wer behauptet, keine Zeit zu haben, lügt oder ist tot", meinte der Wirtschaftspädagoge Karlheinz Geißler (Geißler 2011). Das Zentrum einer jeden SWOT-Analyse bildet eine Vielzahl von Fragen, anhand derer die passenden Antworten auf einzelne

Aspekte gefunden werden – das Fundament für anschließende Verbesserungen. Die Säulen einer SWOT-Analyse sind zum einen die Stärken und Schwächen eines Unternehmens, zum anderen die Chancen und Gefahren, die sich aus den vorangegangenen ergeben. Bei den Schwächen und Stärken handelt es sich um interne Faktoren, die in die Analyse einbezogen werden. Die Chancen und Gefahren sind hingegen externe Faktoren und beziehen sich meist auf die Gesamtheit des Marktes.

Bezieht man die praktische Erklärung wieder auf die Technologieentwicklungsfähigkeit, müssen die Stärken und Schwächen beispielsweise in den Qualifikationen und Kenntnissen der Mitarbeiter, in effizienteren Unternehmensstrukturen sowie in Kooperationen mit wissenschaftlichen Einrichtungen gesehen werden. Gefahren wären zum Beispiel schnell wachsende oder neu auftretende Wettbewerber und deren neue Produktideen. Chancen bilden Innovationen und identifizierte Marktnischen. Bei einer SWOT-Analyse sollten sowohl Trends als auch Herausforderungen in der eigenen Branche einbezogen werden. Denn nur so können die gewünschten Ergebnisse erzielt werden. Konsequenz: Es gilt, die zahlreichen Faktoren kritisch zu beurteilen. Dies fällt einem Unternehmen gerade bei den internen Aspekten häufig schwer.

Eine SWOT-Analyse hat eine charakteristische Funktion: Sie soll ein Unternehmen in erster Linie zu den nötigen Reaktionen bewegen. Grundsätzlich hat eine Organisation keinen Einfluss auf die allgemeinen Entwicklungen des Marktes, wobei es zunächst einmal keine Rolle spielt, ob es sich um Chancen oder auch Risiken handelt. (Verpasste Chancen können sich schnell zu Risiken entwickeln.)

Warum TechScore und Rho-Wi den richtigen Maßstab für Erfolg bilden

Das Stärken-Schwächen-Profil lässt sich schnell und unkompliziert mit Hilfe von Experteninterviews erstellen. Bei der Analyse wird das Zusammenspiel von Market Pull und Technology Push untersucht. Dazu werden die Antworten akribisch erfasst sowie Blender und Zufallstreffer verlässlich aussortiert. Um den schnellen Überblick zu erleichtern, setzen wir beim Score eine Skala von 1 bis 7 Punkten ein. Diese Skalierung liefert einerseits aussagefähige Ergebnisse, ohne zu stark auf kleine Nuancen zu setzen. Das Ziel lautet, zu (lebhaften) Diskussionen anzuregen. Ergebnis der Analyse ist ein einziger Wert für die eigene Technologieentwicklungsfähigkeit: der TechScore. Er errechnet sich aus den gemittelten Einschätzungen der 19 Fragen der Interviewpartner. In diesem Zusammenhang sind wir zu der Erkenntnis gelangt: Je höher der TechScore, desto effizienter ist eine Forschungseinrichtung.

> **Der TechScore**
> errechnet sich aus den gemittelten Einschätzungen der 19 Aussagen der Interviewpartner.
>
> **Der Rho-Wi**
> ist der Ertrag aus Industrieprojekten im Verhältnis zum Gesamtumsatz.

Richtig interessant wird es, wenn der TechScore in Abhängigkeit zu einem Ertragswert (Rho-Wi) gesetzt wird. Eine Korrelationsanalyse für Forschungseinrichtungen (siehe Bild 1) erbrachte exakt diesen Nachweis. Fraunhofer-Institute mit hohem TechScore-Wi weisen hohes Rho-Wi auf. Die Korrelationsanalyse zwischen dem TechScore-Wi 2008 und dem Rho-Wi 2008 weist einen starken Zusammenhang auf (R = 0,663). Der Wert ist auf dem Niveau von 0,01 (2-seitig) signifikant (bei einem N von 22). Zu den identifizierten Erfolgsfaktoren, die den TechScore-Wi ermitteln, gehören:

1. exzellente Fachkompetenz
2. ausreichend Personal für Industriemarketing, schnelle Einbindung kompetenter externer Partner
3. frühzeitiges Erkennen von Produkttrends durch Teilnahme an Gremien, Ausschüssen, Verbänden
4. Kenntnis über Bedürfnisse, Produktanforderungen durch Kontakte zu Kunden und Geschäftspartnern
5. trendorientierte Technologieentwicklung
6. methodisch geschulte Mitarbeiter für Akquisition

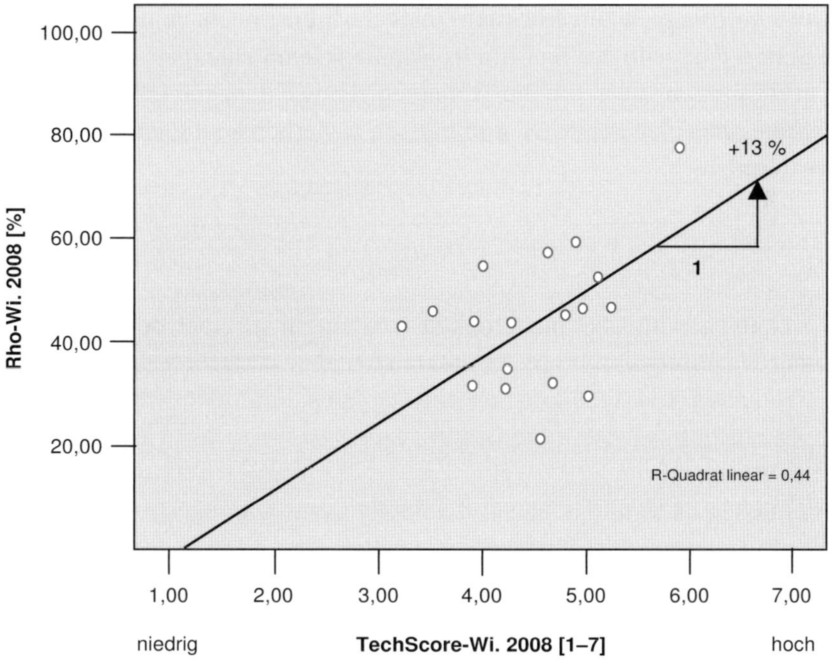

Bild 1: Beispielhafte Korrelationsanalyse

Verbesserungspotenziale identifizieren

Die Erschließung unentdeckter Potenziale und Potenzialreserven ist entscheidend zur Verbesserung der Technologieentwicklungsfähigkeit und für die langfristig positive Einflussnahme auf die Entwicklung und den Umsatz einer Organisation. Anhand der Erfolgsfaktoren im Sinne von Prüfsteinen wurde somit der Status Quo der Technologieentwicklungsfähigkeit, der Indikator für den Gesundheitszustand eines Unternehmens beurteilt. Dazu dient ein ‚Diagnoseblatt' – der Fragebogen. Immer wenn eine Diagnose Krankheitssymptome bzw. Schwächen erkennen lässt, muss eine Therapie zur Gesundung eingeleitet werden. Dazu ist es nötig, gezielte Maßnahmen zu konzipieren und zu realisieren.

Wir kommen zum nächsten Schritt.

3. Maßnahmen zur gezielten Leistungssteigerung umsetzen

Zielmärkte identifizieren, Netzwerkaktivitäten koordinieren, Ergebnisse in den Außenraum kommunizieren – alles wichtige Aufgaben. Doch es zählt nicht allein, was angepackt wird. Es kommt auch auf das ‚Wie' an. Zeigt die SWOT-Analyse für den einen oder anderen Erfolgsfaktor, dass der Wert unter der Grenze der Besten liegt, ist Handeln angesagt. Faktoren, die gar unter der Grenze der schlechtesten Benchmark-Werte liegen, sind vordringlich zu verbessern. Insofern folgen in einem dritten und abschließenden Schritt innerhalb des TechAudits Handlungsempfehlungen. Sie zeigen auf, was gezielt getan werden sollte, um die Technologieentwicklungsfähigkeit zu erhöhen. Sie sind als Anregungen zu verstehen und müssen sicherlich an die individuelle Situation angepasst werden.

Das TechAudit auf einen Blick

Die Technologieentwicklungsfähigkeit zu steigern ist einer der größten Hebel für mehr Wachstum und Profit. Zu erkennen und zu verstehen, mit welchen Kunden, Produkten und Technologien eine Organisation, eine Forschungseinrichtung ihr eigenes Wachstum verbessern kann, ist einer der wirksamsten Hebel für den Erfolg.

Stiefmütterlich wird das Thema Technologieentwicklungsfähigkeit zwar nicht in allen Unternehmen behandelt. Doch gerade wenn es darum geht, besser zu werden, schwächeln viele Unternehmen. Nicht weil es etwa am Willen fehlen würde. Es fehlt an der methodischen Unterstützung. Genau hier setzt das TechAudit an. Es führt schnell und auf transparente Weise vor Augen, wo die eigenen Stärken in Sachen Technologieentwicklungsfähigkeit liegen. Wie eine Wünschelrute auf die Wasserader reagiert das TechAudit auf unentdeckte Potenziale. Entwickelt wurde die Methode, damit Organisationen eigenständig und schnell Stärken und Verbesserungspotenziale für sich identifizieren können.

Die Bewertung des Status Quo erlaubt einen tiefenscharfen Blick in die eigenen Fähigkeiten. Das TechAudit ist ein hervorragendes Instrument, um auf recht einfache und unaufwändige Art und Weise nicht nur herauszubekommen, wo es ‚hapert' – sondern auch Verbesserungsmaßnahmen zu entwickeln. Während dieses Buch entsteht, arbeiten wir bei Fraunhofer mit Hochdruck daran, das TechAudit auf einer internetbasierten Plattform anzubieten, damit Interessierte in einer Art Selbstauditierung eine schnelle Standortbestimmung vornehmen können. In naher Zukunft wird die Methode softwaretechnisch unterstützt. Dann nämlich wird sie direkt nach der Beantwortung eines elektronischen Fragebogens gezielte Verbesserungsvorschläge und Tipps liefern, um den Wirtschaftlichkeitsertrag und die Technologieentwicklungsfähigkeit zu erhöhen.

Den Spuren auf der Spur

„Für mich gilt der erste thermodynamische Hauptsatz auch für die Wirtschaft: Von nix kommt nix“. *Wolfgang Reitzle*

Feuchtigkeit ist Gift

„Jeder kennt sie, jeder nutzt ihre Eigenschaften: Verpackungsfolien! Ob Wurst, Käse oder Brot: Verpackungsfolien schützen das Lebensmittel und halten es länger frisch." (Quelle: Website IWS). Verpackungsfolien leisten noch mehr: Sie bieten Schutz gegen Licht, Sauerstoff und vor allem Krankheitserreger, aber auch gegen Verunreinigung, Aromaverlust und Feuchtigkeit in Form von Wasserdampf. Sind Verpackungsfolien undicht, sind die Folgen bei Lebensmitteln unangenehm, weil Mikroorganismen wie Schimmel, Hefe, Bakterien wachsen und weil es zu einem Verlust von Produkteigenschaften kommt. Tritt Sauerstoff ein, kommt es zum Abbau von Wirkstoffen wie beispielsweise Vitaminen, zur Oxidation von Fetten und zum typischen ‚ranzigen' Geschmack und zur Aromazerstörung bis hin zum Verderb. Schutz vor all diesen unangenehmen Folgen bieten Verpackungsfolien, im Fachjargon Barrierefolien genannt.

Barrierefolien

Der Begriff ‚Barriere', aus dem galloromanischen kommend, meint nach Duden „etwas, was sich trennend, hindernd zwischen Dingen [...] befindet". Genau dies ist die Aufgabe von Barrierefolien. Sie werden überwiegend für Lebensmittelverpackungen eingesetzt. Dabei handelt es sich um so genannte Verbundfolien mit Sperrschichteigenschaften, weshalb sie häufig auch als Sperrschichtfolien bezeichnet werden. Es handelt sich um eine Barriere, welche die Sauerstoff- und Wasserdampfdurchlässigkeit einschränken soll.

Sieht aus wie ein alter Negativ-Film ...

Es sieht auf den ersten Blick aus wie ein guter, alter Negativ-Film. Doch bei genauerem Hinsehen erkennt man, dass es sich um eine organische Solarzelle handelt, verkapselt zwischen zwei speziell beschichteten Kunststoff-Folien. Diese schützen photovoltaische Zellen vor Sauerstoff und Wasserdampf. Hersteller von organischen Solarzellen sind auf diese (nahezu) undurchlässigen, flexiblen Verkapselungsmaterialien angewiesen, denn sie sollen deutlich mehr als 20 Jahre funktionieren. Das ist allerdings noch Zukunftsmusik, denn derzeit erreicht eine in Folie verklebte Solarzelle eine Haltbarkeit von gerade einmal zwei Jahren. Damit ist sie zwar für erste mobile Anwendungen geeignet, auf dem Hausdach kann sie aber noch nicht eingesetzt werden.

Auch Produzenten von organischen Leuchtdioden (OLED) benötigen beschichtete Folien, um ihre Produkte flexibel und beständig zu machen. Hier lautet die Anforderung nicht ‚Frische sicherstellen' wie in der Lebensmittelbranche, sondern ‚Schutz gegen Feuchtigkeit'. Bei OLEDs werden hochempfindliche organische Substanzen verwendet, die leuchten. Sie haben allerdings einen entscheidenden Nachteil: Sie sind extrem empfindlich gegenüber Feuchtigkeit. Kommen OLEDs mit ein paar Molekülen Wasserdampf in Berührung, reagieren sie – zumeist mit negativen Auswirkungen auf die Funktion. Der Bereich, der mit der Feuchtigkeit reagiert hat, ‚verabschiedet' sich, sehr zum Leidwesen des Nutzers. Pixelfehler auf dem Handy sind dann beispielsweise die für den Nutzer unangenehmen Folgen. Auf dem Display erscheinen schwarze Flächen, die das Entziffern einer eingehenden SMS vielleicht interessanter machen mögen – aber nicht wirklich von Vorteil sind.

Damit OLEDs dennoch lange und zuverlässig arbeiten können, müssen sie mit Hilfe einer Barriereschicht verkapselt werden. Bisher setzt die Industrie für die Verkapselung meist Glas ein. Der Nachteil ist hier, dass die Produkte starr werden. Gefordert wird aber, biegsame Displays und Solarzellen fertigen zu können. Aus diesem Grund sollen künftig flexible Polymerfolien die Produkte schützen. Das Problem: Einfache Kunststoff-Folien sind zu durchlässig gegenüber atmosphärischen Gasen und Dämpfen. Aus diesem Grund arbeiten Forscher an zusätzlichen Barriereschichten, die auf Folien aufgetragen werden. Die Herausforderung besteht darin zu gewährleisten, dass die Barrierewirkung über die gesamte Lebenszeit der OLED zur Geltung kommt. Gerade beim Einsatz von technisch hochwertigen Anwendungen wie beispielsweise flexiblen OLED-Displays werden extrem hohe Anforderungen an die Barriereschichten gestellt.

Extreme Anforderungen

Bei einer OLED sind die Anforderungen extrem. Es darf lediglich ein Millionstel Gramm (10^{-6} g) Wasserdampf pro Tag und Quadratmeter permeieren (‚durchschlüpfen'). Man spricht in diesem Zusammenhang von der Permeationsrate. Dieser extrem kleine Wert der Permeationsrate fällt nicht einfach vom Himmel und ist auch nicht auf den Ehrgeiz irgendwelcher Elfenbeinturm-Forscher zurückzuführen. Sie ergibt sich schlicht und ergreifend aufgrund der Anforderung an die Lebensdauer. Und die soll schließlich ca. 25 Jahre betragen. Von daher lautet die Frage, welche maximale Konzentration an Feuchtigkeit sich in diesem langen Zeitraum in der OLED ansammeln darf, ohne Schäden zu verursachen.

Von der Lebensmittelverpackung zur Hightech-Anwendung?

Nun mag manch ein Leser vielleicht zu dem Urteil gelangt sein, dass es bei Barrierefolien einen Pfad ‚Von der Lebensmittelverpackung zur Hightech-Anwendung' geben könnte. Das würde so nicht stimmen. Denn auf diese Weise würde eine Kausalkette unterstellt, die nicht existiert. Im Food-Bereich haben die Folien ihre Berechtigung so, wie sie sind. Im Non-Food-Bereich hingegen existieren ungleich höhere Anforderungen. Für bestimmte Applikationen (s.o.) sind Hochbarrierefolien die konsequente Weiterentwicklung von Barrierematerialien.

Permeationsraten von Barrierematerialien sicher bestimmen

Die Gretchenfrage lautet nun: Verhindern Barrierefolien wirklich zuverlässig, dass Wasserdampf eindringt? Es ist nämlich gar nicht einfach, die Barrierewirkung von Barrierefolien zu ermitteln. Und die fordert der Markt in Form von Informationen und Kenndaten, um die Schutzwirkung unterschiedlicher Hochbarrierefolien einzuordnen. Das Handicap: Bislang gab es kein Routinemessverfahren für solch extrem niedrige Werte der Wasserdampfdurchlässigkeit, da die Nachweisempfindlichkeit der derzeitig am Markt verfügbaren Systeme dafür nicht ausreicht. Alle Messungen jenseits dieser Nachweisgrenze sind mehr oder weniger Labor- bzw. Insellösungen, nur mit entsprechendem Aufwand realisierbar, deren Ergebnisse kritisch hinsichtlich Zuverlässigkeit und Vergleichbarkeit hinterfragt werden müssen. Die Folge davon: Daten lassen sich kaum miteinander vergleichen, das Auswerten der Ergebnisse hat eher den Charakter von Kaffeesatzlesen ... Aus diesem Grund haben die Forscher am Fraunhofer IWS ein Messverfahren entwickelt, optimiert und etabliert.

> Unter Gaspermation versteht man den Gastransport durch einen Feststoff.

Der Einsatz eines Laserstrahls ist der Schlüssel, um die Permeationseigenschaften von so genannten Ultrabarrierematerialien zu bestimmen. Dazu wurde in enger Kooperation mit der Dresdner Firma Sempa Systems GmbH die Technologie entwickelt, um mit Hilfe der Laserdiodenspektroskopie die Permeationsrate von Barrierefolien sicher und empfindlich bestimmen zu können. Realisiert werden Nachweisempfindlichkeiten, die deutlich unter denen der derzeit kommerziell verfügbaren Messgeräte liegen.

Auf Spurensuche

Auf Spurensuche begeben sich nicht nur die ermittelnden Kommissare im ‚MDR-Tatort'. Auf Spurensuche begeben haben sich auch Forscher am Dresdner Fraunhofer-Institut IWS, wenn es sich um Qualitätskontrollen von Folienbeschichtungen mit Ultrabarriereeigenschaften handelt. Die sind, wie bereits angedeutet, wichtig in Technologiebereichen wie der Photovoltaik, der Vakuumisolationspaneelen oder organischer Leuchtdioden (OLED). Bislang war das Problem, dass Ultrabarriereeigenschaften nicht gemessen werden konnten. Der Grund: Man bewegt sich dort im Ultraspurenbereich.

Ultrabarrierematerialien

Bei einem in Folie verpackten Baguette bewegt sich die Permeationsrate zwischen 1 und 10 Gramm pro Tag und Quadratmeter, was völlig ausreichend ist, sofern das Baguette innerhalb weniger Tage einen Käufer findet. Anders verhält es sich bei Hochbarrieren. Hier befinden wir uns in einem Bereich, in dem nur noch ein Hundertstel oder ein Tausendstel durchdringen darf (10^{-3} g). Das ist eigentlich schon extrem wenig, aber für bestimmte Anwendungen immer noch nicht dicht genug. Aus diesem Grund gibt es Ultrabarrierematerialien, die auf einer Fläche von 1 m^2 nur noch ein Zehntausendstel oder ein Hunderttausendstel-Gramm Wasserdampf pro Tag durchlassen.

Einen Preußen unter 1 Mio. Bayern entdecken

Jeder Leser kennt die Zusammensetzung von Luft. Sie besteht ungefähr aus 78 % Stickstoff und 20 % Sauerstoff. Hier sprechen wir von Prozent. 20 Prozent meint 20 Teile von 100 Teilen. Ist die Gaskonzentration hingegen sehr klein, spricht man von Gasspuren. Und die Einheit sind auch nicht mehr Prozent oder Promille, statt dessen bewegt man sich im ppm-Bereich. Das Kürzel ‚ppm' bedeutet ‚parts per million', Teilchen pro Million anderer Teilchen. 1 ppm bedeutet demzufolge ‚1 Teilchen pro 1 Million anderer Teilchen'. Anders gesagt: Gesetzt den Fall, München hätte exakt 1 Mio. Einwohner, dann wäre ein Preuße pro München ‚1 ppm'. Wenn Sie diesen Preußen mit einem ‚Preußendetektiergerät' nachweisen können, verfügen Sie über eine Nachweisempfindlichkeit im Spurenbereich von 1 ppm.

Geht man drei Größenordnungen tiefer, bewegt man sich im Ultraspurenbereich, kurz: ppb, ‚parts per billion'. Im Amerikanischen ist die ‚Billion' eine Milliarde. Insofern bedeutet 1 ppb ‚ein Teilchen pro 1 Milliarde anderer Teilchen'. In diesem Bereich bewegt sich das Fraunhofer-Institut für Werkstoff- und Strahltechnik IWS mit der Messsensorik mittlerweile. Dort ist man in der Lage, Wasserdampf bis zu einer Konzentration von 100 ppb sicher zu messen. Diese extreme Nachweisempfindlichkeit erlaubt den gesicherten Nachweis einer Wasserdampf-Permeationsrate bis in den Bereich von 10^{-5} g /(m^2 d).

Erfolge beflügeln. Danach legt man die Sprunglatte höher. Selbst die nächste Größenordnung von 10^{-6}g Wasserdampf pro Tag und Quadratmeter ist wohl in naher Zukunft messbar.

Fähigkeiten messen und bewerten

Zur Wiederholung: Das Ziel lautete, die Technologieentwicklungsfähigkeit des Fraunhofer IWS zu beurteilen sowie die Stärken und Schwächen im Hinblick auf die marktorientierte Technologieumsetzung zu identifizieren. Mit Hilfe des TechAudits durchlief das Fraunhofer IWS zunächst eine Analysephase („Wo stehen wir mit unserer Technologieentwicklungsfähigkeit?"). Anschließend wurden die Fähigkeiten bewertet sowie Verbesserungsmöglichkeiten identifiziert.

Maßnahmen zur gezielten Leistungssteigerung umsetzen

Aus dem TechAudit ergab sich eine ganze Reihe von Handlungsempfehlungen. Die beiden wichtigsten waren: Systematisierte Erfassung von Zielmärkten, Marktanforderungen und Produkttrends sowie eine stärkere Industrieausrichtung der Forschungsergebnisse. Die zentralen Stichworte in diesem Zusammenhang lauten: Kundensegmentierung, Kundensteckbriefe und Kundenportfolio.

Stichwort Kundensegmentierung: Das Lebenselixier für jedes Unternehmen sind seine Kunden. (Dies gilt auch für Forschungsinstitute.) Es sind die Kunden – Bestandskunden ebenso wie potenzielle Kunden. Aber Kunde ist nicht gleich Kunde. Kunden lassen sich klassifizieren und segmentieren. Jedes Unternehmen verfolgt hier unterschiedliche Ansätze, die mehr oder weniger erfolgreich sind. So hat sich für manch ein technologieintensives Unternehmen beispielsweise in mehr als einem Fall herausgestellt, dass die Klassifizierung der Kunden nach Branchen (z.B. gemäß NACE-Code) wenig hilfreich ist. Der Zweck dieses Branchen-Codes ist nämlich ein völlig anderer: Die Klassifikation der Wirtschaftszweige dient lediglich dazu, die wirtschaftlichen Tätigkeiten statistischer Einheiten in allen amtlichen Statistiken einheitlich zu erfassen.

Zwar befördert die Kundensegmentierung das Schubladen-Denken (sagen die einen), aber sie erleichtert das Arbeiten (sagen die anderen). Bekommt man dazu noch Informationen, welches ihre konkreten Bedarfe und Vorlieben sind, kann schon fast nichts mehr schief gehen. (Fast eben.) Und so lässt sich das Ziel mit einem einzigen Schlagwort bezeichnen: Es geht um die ‚Produktisierung der Technologie'. Dazu ist ein Denken in Produkten bzw. Lösungen sowie professionelle Kundenorientierung nötig sowie die Fähigkeit, sich in den Kunden hineinzuversetzen und zu verstehen, wohin er sich bewegen will. Die ‚Quo vadis?'-Frage taucht zu markanten Zeitpunkten gehäuft auf, beispielsweise zu Jahresanfängen. Wohin geht die Reise mit unserer Technologie, mit unserem Produkt? Sich über diese Frage Gedanken zu machen, ist nicht nur kalendarischen, sondern auch sachlichen Gegebenheiten geschuldet. Denken Sie nur an das brandaktuelle Thema Elektromobilität. Hier sind viele Unternehmen in Bewegung, um sich in diesem Wachstumsmarkt in Stellung zu bringen.

Insofern kommt ein Unternehmen/ein Forschungsinstitut nicht darum herum, Kundensegmente zu identifizieren, die für die jeweilige Anwendung relevant sind (siehe Bild 2).

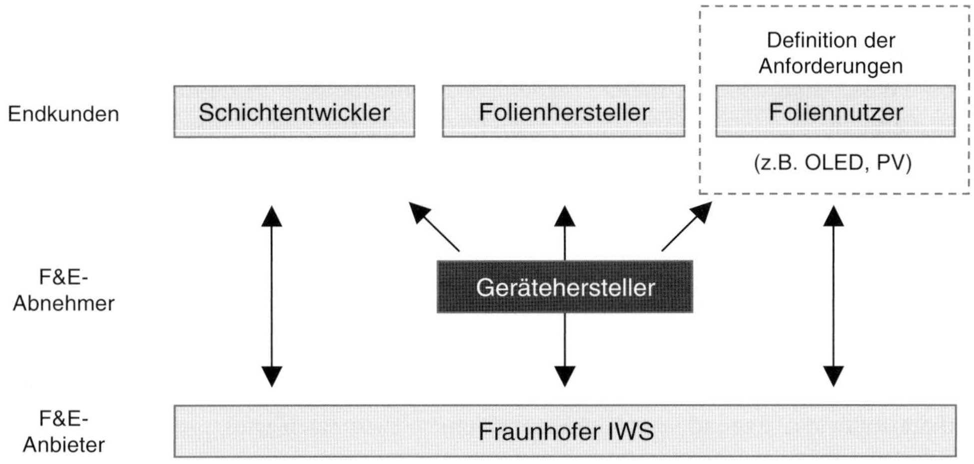

Bild 2: Zielgruppen definieren

Bild 2 liefert einen guten Überblick über potenzielle Zielgruppen. Prinzipiell unterschieden werden *F&E-Abnehmer* sowie *Endkunden*. In dem Bild steht das Wichtigste in der Mitte: der Gerätehersteller. Dies kann beispielsweise ein Hersteller von Messgeräten für die Verpackungsindustrie sein. In unserem konkreten Fall wurde mit der Sempa Systems GmbH das Gerät HiBarSens® entwickelt. Über diesen Gerätehersteller gibt es Kontakte zu potenziellen Endkunden. Diese können Schichtentwickler sein, klassischerweise Forschungsinstitute, Universitäten, aber auch Konzerne. Daneben gibt es Folienhersteller (beispielsweise für die Photovoltaik-Industrie), die die Schichten anwenden und sie als Folien verkaufen. Und schließlich gibt es noch die Foliennutzer, die die Barrierefolien in ihre Produkte integrieren.

Diese Struktur des Marktes zu erarbeiten, war ein längerer Prozess, der insofern hilfreich war, als konkrete Dienstleistungsangebote herausgearbeitet werden konnten. Der Ausbau von Servicedienstleistungen ist ein wesentlicher Faktor, um das Produktgeschäft zu stabilisieren und neue Geschäftsfelder zu erschließen. Die Struktur half, sich das Produktspektrum inklusive der Anforderungsparameter, Preise etc. bewusst zu machen. Denn je nach Kundentyp leiten sich andere Dienstleistungen ab: die Entwicklung eines Messgeräts für einen Hersteller oder eine Messdienstleistung für einen Kunden. In diesem Fall geht es dann meist um eine Charakterisierung oder Qualitätskontrolle von Folienbeschichtungen mit Ultrabarriereeigenschaften, die in Technologiebereichen wie der Photovoltaik, der Vakuumsisolationspaneelen (VIP) oder der organischen Leuchtdioden (OLED) stetig an Bedeutung gewinnt. Diese kleine, aber feine Übersicht war die Basis für die spätere Kundenerfassung und -analyse.

Gute Dienste leistet in diesem Zusammenhang ein Portfolio, in das bereits bestehende, aber auch potenzielle Kunden einsortiert werden. Eine der Leitfragen hierzu lautet: Was könnte diese Unternehmen an der eigenen (IWS-)Technologie interessieren? Auf diese Weise wird der Blick geschärft und objektiviert. In diesem Sinne ist das TechAudit eine sehr gute Methode, um Antworten auf die Frage zu bekommen, wie ein Unternehmen seine Technologie weiterentwickeln kann und muss, wo es potenzielle Kunden gibt und vor allem auch, um welche finanzielle Größenordnung es geht.

Stichwort Kundensteckbriefe: Mit komplizierten Methoden und Tools kann man dauerhaft nicht erfolgreich sein. Von daher ist es das Ziel, Komplexität auch nach innen zu reduzieren. Mit Hilfe des systematischen Vorgehens ist es gelungen, Kunden durch Kundensteckbriefe systematisch zu erfassen und zu bewerten. Dazu wurden relevante Kundendaten sowie spezifische Kundenprobleme elektronisch erfasst und nach Anwendungsfeldern segmentiert. Anschließend wurden Bewertungskriterien erarbeitet und eine Gewichtung vorgenommen.

Den Erfolgreichen macht niemand etwas vor. Sie wissen, was ihre Kunden wollen, wie ihre Wettbewerber agieren und welche Regeln am Markt gelten. Aus diesem Wissen leiten sie eine systematische Kundenerfassung und -bewertung ein und investieren viel Zeit und Geld in eine Kundendatenbank. Hier ist allerdings Vorsicht geboten. Denn aus einer Datenbank wird schnell ein Datengrab (und Datengräber helfen nicht wirklich weiter). Eine Datenbank sollte mehr als Excel® können, muss aber kein High-End-Tool sein. Legen Sie von daher unbedingt fest, wie das neu aufgebaute Wissen gespeichert und allen relevanten Personen zur Verfügung gestellt wird. Es genügt nicht, Informationen im Kopf oder auf unterschiedlichen Schreibtischen zu sammeln. Es ist erfolgsentscheidend, sie für alle nutzbar zu machen. Auch in unserem Falle wurden alle bestehenden und potenziellen Kunden systematisch in einer Datenbank erfasst und in Bezug auf deren Attraktivität und Lösungskompetenz bewertet.

Kundenattraktivität meint: Wie attraktiv ist der Kunde für das eigene Unternehmen? Welches sind die wirklich ‚wichtigen' Kunden? Bewertet werden die nachfolgend aufgeführten Kriterien anhand einer Skala von 1 (kein Bedarf) bis 5 (hoher Bedarf):

- *Kundenbedarf an F&E-Leistungen:* Bedarf an externer F&E-Leistung und Bereitschaft, dafür Geld zur Verfügung zu stellen
- *Potenzielles Auftragsvolumen:* Zielgröße für die nächsten drei Jahre
- *Kundentreue:* Bisherige Erfahrungen mit dem Kunden (1 = keine Projekte bzw. Erträge in der Vergangenheit, 5 = viele Projekte)
- *Standortvorteile:* Hat der Standort des Kunden eher positive oder negative Auswirkungen für das Zustandekommen von Projekten?

Wettbewerbsstärke meint: Wie gut kann das Unternehmen das spezifische Kundenproblem bearbeiten bzw. lösen? Die Kriterien sind u.a.

- *Technologische Kompetenz:* Ist das Kundenproblem mit der derzeitigen Technologie lösbar?
- *Konkurrenz:* die Anzahl potenzieller Wettbewerber in Bezug auf die Lösung des Kundenproblems
- *Alleinstellungsmerkmal:* Besitzt das Unternehmen in Bezug auf die Problemlösung gegenüber seinen Wettbewerbern Alleinstellungsmerkmale?
- *Bekanntheit/Vermarktung:* Wie gut ist die spezifische Lösung bzw. Kompetenz in der Branche bzw. beim Kunden bekannt?
- *Patentsituation:* Sind Technologien ausreichend mit Patenten abgedeckt?

Gerätehersteller sind das wichtigste Kundensegment. Hier werden strategische Partnerschaften angestrebt. Folienhersteller bzw. -anwender sind die wichtigsten Endkunden für das entwickelte Gerät. Nachdem es also gelang, einzelne Kundensegmente besser zu analysieren, konnten nicht nur Strategien in Bezug auf die Technologieentwicklung, sondern auch hinsichtlich neuer Marketingmaßnahmen abgeleitet werden.

Marketingaktivitäten gezielt planen und umsetzen

Das IWS ist mit dem Gerät ein absoluter Newcomer auf dem Gebiet. Um das Messgerät auf den Markt zu bringen, muss man allerdings wissen, welches die Vorteile (dazu gleich mehr) und Alleinstellungsmerkmale sind – und sollte auch die der Wettbewerbsprodukte kennen. Auch diese Übersicht wurde akribisch erarbeitet.

Ein gutes Forum für Akquisitionstätigkeiten, auf das am Fraunhofer IWS künftig stärker gesetzt werden wird, sind Messen, Kongresse und Tagungen (letztere widmen sich gerne der Problemzonen-Analyse). Ein weiteres, nach Durchführung des TechAudits am IWS eingeführtes Instrument ist das ‚Direktmarketing an Entscheider'. Dazu wurde ein Produktblatt für Folienhersteller entwickelt, das die Sprache des Kunden spricht. Das dritte Standbein sind Publikationen in Fachzeitschriften und populärwissenschaftlichen Medien, um potenzielle Kunden auf das Thema und das Produkt aufmerksam zu machen. Publikationen sind ein gutes Instrument, um all diejenigen zu erreichen, die das Thema sonst nur als Hintergrundrauschen im freien Wissenskosmos wahrnehmen würden. Und last but not least wurde viel in das Mitarbeiter-Training (Industrieakquisition, Marktrecherche) investiert.

Produktstrategie (Roadmap)

Die Erfolgreichen schauen nicht wie das Kaninchen auf die Schlange, sondern tun was – und entwickeln eine Produkt-Roadmap. 2010 gab es den ersten Prototyp des Messgeräts, und während dieses Buch entsteht, begann die Produktion der Nullserie. Was das Gerät anbelangt, ist man dem Wettbewerb derzeit eine Nasenlänge voraus. Mit Hilfe des IWS-Messgeräts ist eine Messung geringster Permeationsraten bis $< 1x\ 10^{-4}$ g/ m^2 d möglich. Das können die Geräte von Konkurrenten nicht – aber sie erlauben einen höheren Probensatz durch die Verfügbarkeit von Dual- bzw. Mehrkammer-Systemen.

Aufgrund der Wettbewerbsanalysen leitet sich ein weiterer wichtiger strategischer Ansatz ab: die technische Weiterentwicklung in Richtung Mehrkammer-System. Aus der Roadmap (siehe Bild 3) geht hervor, dass 2012 ein erster Prototyp vorliegen und 2013 mit der Produktion der Nullserie begonnen werden soll.

In einem letzten Schritt soll das derzeitige Messprinzip auf andere Messanforderungen übertragen werden, nämlich andere Gase (Methan, CO_2 oder Kohlenwasserstoff – vielleicht sogar Sauerstoff, dessen Physik allerdings die 1:1-Technologieumsetzung zunächst einmal nicht zulässt). Dazu ist im Grunde genommen ‚nur' der Austausch des Lasers nötig. Alle anderen Komponenten sind ja bereits fertig. Tauscht man die Laserdiode aus, bewegt man sich auf einer völlig anderen Spektrallinie und analysiert ein anderes Gas. Denkbar sind auch zwei unterschiedliche Laser, die es ermöglichen, simultan mehrere Gase zu analysieren. Das ist aber noch Zukunftsmusik.

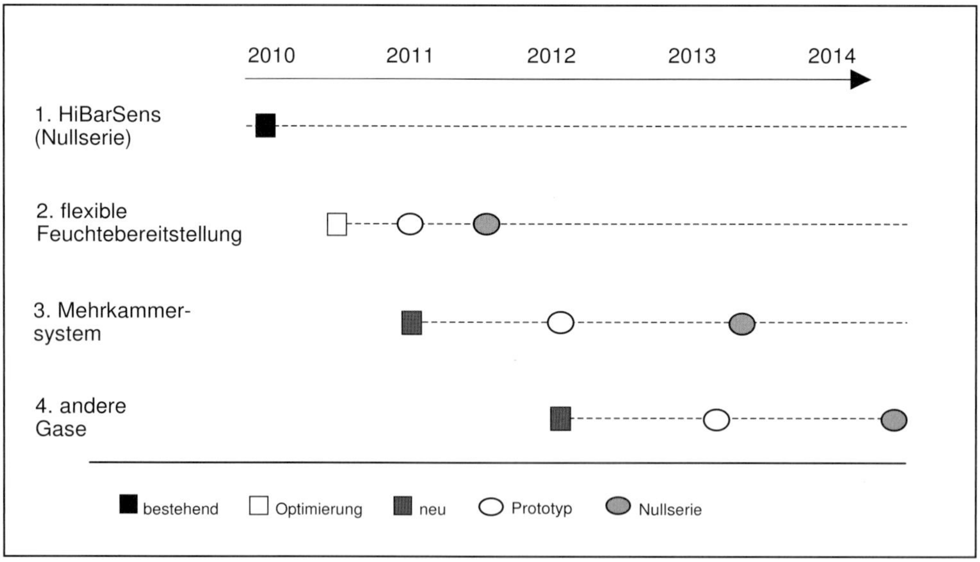

Bild 3: Produkt-Roadmap – geplante Produkt-Entwicklungen bis 2014

Was die Methode gebracht hat

Die Arbeit mit dem TechAudit hat vor allem eines am Fraunhofer IWS mächtig angestoßen: Kunden- und produktorientiertes Denken. Der Kundennutzen steht verstärkt im Fokus der Entwicklungs- und Marketingaktivitäten. Die Methode schärft den Blick auf die Akquisitionstätigkeiten und ist ein sehr gutes strukturelles Hilfsmittel, um den eigenen Entwicklungsstand zu systematisieren und zu visualisieren. Sie ermöglicht, Technologieansätze zu priorisieren und Daten aufgrund der vorhandenen Transparenz einfacher weiterzugeben. Die unmittelbare Folge ist ein besserer Ressourceneinsatz bei der Planung und Umsetzung von strategischen Maßnahmen. Insofern ist das TechAudit ein hervorragendes Tool, um die richtigen Dinge *richtig zu tun*. In einem Wort: die Effizienz zu steigern. Denn das nächste Konkurrenzprodukt kommt sicherer als der nächste Sommer.

Strategie mit Bodenhaftung

„Das Geheimnis auch der großen und umwälzenden Aktionen besteht darin, den kleinen Schritt herauszufinden, der zugleich auch ein strategischer Schritt ist, indem er weitere Schritte einer besseren Wirklichkeit nach sich zieht.“
Gustav Heinemann

Die Herausforderung: Innovative, multifunktionale Produkte

Früher konnte man mit einem Telefon telefonieren, mit einem Fotoapparat fotografieren. Heute können Sie mit einem Handy telefonieren und fotografieren – ‚fotofonieren' oder ‚telegrafieren' (nein, das gab's früher schon und war eine andere Anwendung!). Innovative Produkte sind wahre Multitalente geworden. Genau das Richtige für eine Gruppe 16jähriger (in Kapitel 1 so genannter ‚Digital Natives'), die während des Telefonierens einzelne Mitglieder fotografiert, auf einer Social Media-Plattform chattet und gleichzeitig das Foto ins Web stellt. Die Anforderungen an innovative Produkte im Konsumerbereich haben sich dramatisch geändert. Weniger dramatisch geht es (noch) in der Verpackungsindustrie zu. Um zu verhindern, dass Sauerstoff und Wasserdampf in Chipstüten eindringen kann und die Chips feucht und damit ungenießbar werden, sind sie mit Aluminium beschichtet. Die Alufolie hat den bekannten Effekt, dass Sie vor dem Kauf keinen Blick in die Tüte hineinwerfen können. Bei (essbaren) Chips mag dies nicht weiter tragisch sein. Bei anderen verpackten Lebensmitteln hingegen möchte sich der eine oder andere vielleicht doch durch einen kurzen Blick davon überzeugen, dass die Hühnchenschlegel appetitlich aussehen. (Der Gammelfleischskandal liegt so lange noch gar nicht zurück.) In diesem Fall lautet die Anforderung, eine transparente Folie mit einer transparenten Barriereschicht zu kombinieren. In diesem Fall nimmt man nicht Aluminium, sondern Aluminiumoxyd (was den Beschichtungsprozess allerdings erheblich komplizierter macht). Oder denken Sie an die beiden Funktionen Antireflex und Antistatik im Zusammenhang mit Kunststoff. Sie können ein Display zwar antireflex-beschichten, allerdings werden Sie um einen unschönen Nebeneffekt nicht herumkommen: Das Display wird sich aufladen und den Staub anziehen. In diesem Fall besteht die Herausforderung darin, elektrische Leitfähigkeit mit einer optischen Eigenschaft zu kombinieren. Besonders hohe Anforderungen an Qualität und Genauigkeit werden an die Beschichtungen vieler optischen Komponenten gestellt. Sie sorgen beispielsweise für brillantere Bilder in der Kamera und ermöglichen neue Anwendungen für moderne Hochleistungslaser in Industrie und Medizintechnik.

Beschichtung
Der Begriff Beschichtung wird in Fertigungsverfahren der Dünnschichttechnik, von Lichtwellenleitern, Magnetbändern, Compact Discs (CD) oder optischen Komponenten benutzt. Bei Beschichtungen werden verschiedene Materialien aufgetragen, die funktionale, technische oder schützende Aufgaben haben.

Bei den innovativsten Produkten, die am Fraunhofer-Institut für Elektronenstrahl- und Plasmatechnik (FEP) angefragt werden, sind multifunktionale Eigenschaften gefragt. Produkte sollen neben der optischen gleichzeitig ‚easy-to-clean' oder antibakterielle Wirkung aufweisen. Eine mechanische Schutzfunktion und teilweise eine Kombination mit elektrischen Eigenschaften sind gefragt. Das i-Tüpfelchen sind eine Reihe von Zusatzfunktionen, die den Produktwert erhöhen – und damit auch die Anforderungen an die Beschichtung. Die ‚eierlegende Wollmilchsau' ist ein Klacks dagegen.

Technologie folgt Nutzen

Hinter dem Begriff Präzisionsbeschichtung verbirgt sich ein ganzes Universum. Denn alle Eigenschaften sind produkt- und somit anforderungsabhängig. Wir sprechen von optischen, mechanischen, elektrischen und magnetischen Eigenschaften, die sich (teilweise) kombinieren lassen. ‚Härte' oder ‚Sprödigkeit' beispielsweise sind mechanische, ‚transparent' oder ‚farbig' optische und ‚elektrisch leitfähig' oder ‚isolierend' elektrische Eigenschaften.

Das Ziel der Präzisionsbeschichtung ist es, das oben genannte Spektrum an Eigenschaften in der Kombination passgenau mit hoher Homogenität und hoher Reproduzierbarkeit zu erfüllen. Dies in der Laboranlage zu entwickeln und zu demonstrieren, dass es funktioniert, ist das eine. Das andere sind die Live-Bedingungen in einer Produktionsanlage. Denn ob Sie es glauben werden oder nicht: Es spielt eine Rolle, ob während des Beschichtens die Sonne scheint oder der Nebel schwer über dem Boden hängt, da dies Einfluss auf die Temperatur und Feuchte der zu beschichtenden Teile und damit auf die Schichteigenschaften haben kann. Außerdem kommen weitere Anforderungen hinzu. Denn eine Anlage verschmutzt mit der Zeit, oder der Lieferant liefert das Produkt noch nicht 100-prozentig in der gewünschten gleichbleibenden Qualität. Dies alles muss in der Gesamtschau berücksichtigt werden. Denn dies ist der Anspruch: die Laborsituation in die industrielle Anwendung zu überführen. Völlig unabhängig von den äußeren Bedingungen muss immer wieder dieselbe Spitzenqualität erzielt werden.

> **Präzisionsbeschichtung**
> Unter Präzisionsbeschichtung versteht man die Beschichtung mit hohen Anforderungen an die Genauigkeit und Reproduzierbarkeit der Schichteigenschaften und Schichthomogenität sowohl auf der Fläche als auch über die Schichtdicke.

Auf dem Prüfstand

Am FEP in Dresden, dem größten Fraunhofer-Standort in Deutschland, werden Prozesse und Technologien entwickelt, um elektrische, optische, akustische oder magnetisch wirksame Schichten und Schichtsysteme mit Vakuumverfahren präzise und homogen auf große Flächen aufzubringen. Auf diese Weise werden die Grundlagen für neue Produkte in den Branchen Optik, Elektronik und Sensorik, Photovoltaik, Speichermedien sowie Biomedizintechnik gelegt. Ziel ist es, für Kunden kostengünstige Technologien zur Herstellung innovativer Produkte zu entwickeln, für die die Kombination verschiedener Schichteigenschaften die Produkteigenschaften wesentlich bestimmen. Wie es um die Technologieentwicklungsfähigkeit am FEP bestellt ist, wurde im Rahmen des TechAudits eruiert.

1. Fähigkeiten messen

Im ersten Schritt wurden am Fraunhofer FEP im Rahmen des TechAudits Interviews durchgeführt. Befragt wurden der Institutsleiter, der Abteilungsleiter, Gruppenleiter, wissenschaftliche Mitarbeiter sowie eine Gruppenleiterin in ihrer Funktion als PR-Beauftragte. Im Rahmen dieser Interviews wurde der Katalog an Statements durchgegangen, den Sie aus dem ersten Anwendungsbeispiel bereits kennen. Der Zeitpunkt der Befragung hätte nicht besser gewählt sein können, weil man sich am Fraunhofer FEP zu diesem Zeitpunkt gerade mitten in einem Strategieentwicklungsprozess befand.

2. Fähigkeiten bewerten, Verbesserungsmöglichkeiten identifizieren

Wir wollen uns in diesem Abschnitt auf die Kernaussagen der Bewertung konzentrieren. Die Analyse ergab, dass man am Fraunhofer FEP über eine exzellente Fachkompetenz sowie gute persönliche Kontakte verfügt und in der Lage ist, schnell interdisziplinäre Teams zu bilden. Andererseits stellte sich heraus, dass noch deutlich Potenziale vorhanden sind, um Zielmärkte besser zu charakterisieren und Produkttrends früher zu erkennen; dass die Vermarktungs- und Akquisitionstätigkeiten professionalisiert werden und die Mitarbeiter noch stärker in Produkten und Kundenwünschen denken müssen.

Die Analyse trug sehr gut dazu bei, ein besseres Gespür dafür zu bekommen, wer potenzielle Kunden sind und wie der Markt strukturiert ist. So gibt es auf der einen Seite Hersteller von Beschichtungsanlagen und Lohnbeschichter, auf der anderen Seite die Endanwender. Diese kaufen entweder die Produkte von den Lohnbeschichtern ein, um sie anschließend selbst weiterzuverarbeiten, oder sie kaufen eine Anlage und machen die Beschichtung im eigenen Haus. Wie man sieht, hat man es auch hier nicht mit einem einzigen Kundentyp zu tun, sondern mit verschiedenen Kundengruppen und heterogenen Kundeninteressen. Und jeder Kunde will anders angesprochen werden.

3. Maßnahmen zur gezielten Leistungssteigerung umsetzen

Zwar lachte die Nation lauthals, als Bundestrainer Jürgen Klinsmann im Jahr 2004 bei seinem Amtsantritt verkündete, mit seiner Mannschaft Fußballweltmeister werden zu wollen. Dass er es ernst meinte, zeigte sich im Lauf der Vorbereitung und beim eigentlichen Turnier. Das Ziel war keineswegs unrealistisch formuliert. Und letztendlich ist es egal, ob man die Weltmeisterschaft oder den unternehmerischen Erfolg anstrebt. In beiden Fällen geht es darum, Stärken und Schwächen zu kennen, realistische Ziele zu formulieren, daraus Maßnahmen abzuleiten und diese konsequent abzuarbeiten.

Trotz der über viele Jahre regelmäßig hohen und oft überdurchschnittlichen Wirtschaftserträge der Abteilung und der guten Vernetzung in der Forschungslandschaft ging es darum, das Potenzial auszubauen und das Arbeitsgebiet deutlich zu erweitern. Nachdem die ‚Bremsfaktoren' also benannt waren, galt es, Prioritäten zu setzen und die erkannten Defizite mit konkreten und terminierten Maßnahmen zu beheben. Das erfahrungsgemäß größte Hindernis auf dem Weg zu Zielen ist ihre Unverbindlichkeit durch unkonkrete Formulierung. Aus der Bewertung der am FEP vorhandenen Stärken und Schwächen ergaben sich eine ganze Reihe von Handlungsempfehlungen.

Zunächst einmal wurden systematisch Zielbranchen bzw. Anwendungsfelder identifiziert sowie Forschungsaktivitäten festgelegt. Zu diesem Zweck wurden die FEP- bzw. Abteilungsstrategie klar definiert sowie die zu analysierenden Branchen festgelegt und anschließend an die Fachabteilungen und PR kommuniziert. Außerdem wurde ein Jahresplan erstellt, um Branchenvertreter koordiniert und systematisch anzusprechen (persönlich und methodenunterstützt). Im Rahmen der Branchenanalyse wurde nicht nur ein Branchenportfolio erstellt, es wurden auch Kundensteckbriefe entwickelt und diskutiert. Diese sind in standardisierter Form aufgebaut und umfassen u.a. Angaben zu (Forschungs-)Bedarfen, Trends und Absatzpotenzialen. Aus ihnen werden seither Forschungslösungen abgeleitet.

Marketingaktivitäten gezielt planen und umsetzen

Wer sich dem Thema Technologieentwicklungsfähigkeit stellt, muss zunächst einmal die Frage aller Fragen beantworten: Für wen machen wir die Produkte eigentlich? Welche Zielgruppe(n) wollen wir erreichen? Nicht wenige Organisationen scheitern bereits bei dem Versuch, ihre wichtigsten Kunden auch nur halbwegs exakt zu beschreiben. (Wer damit Schwierigkeiten hat, dem sei die Entwicklung eines Portfolios ans Herz gelegt, siehe oben.)

In einem nächsten Schritt wurden aus diesem Grund systematisch Zielkunden identifiziert und produktorientierte Technologieentwicklungen abgeleitet. Durch die intensivere Beteiligung in den relevanten Verbänden und Gremien konnte der Kundenkreis verbreitert und ein besserer Überblick über die Interessen gewonnen werden. Hinzu kam die methodische Schulung von Mitarbeitern für die Akquisition. Stichworte sind der Aufbau von Kompetenzen, Denken in Produkten und Kundenanforderungen.

Bislang war die PR, fachlich nicht tief involviert, quasi das ‚Ohr am Tisch', das bei Messeauftritten oder bei der Konzeption und Realisierung von Produktflyern unterstützte. Dies hat sich geändert. Denn nun kam als verstärkende Kraft eine Team-Assistentin mit wissenschaftlich-fachlichen Kompetenzen hinzu, die technische Inhalte versteht und quasi als ‚Brücke' in den Markt agieren soll. Erster Anknüpfungspunkt waren die vielen Präsentationen, die auf der Basis von Vorträgen zusammengestellt wurden, um aus dem Material Kundenpräsentationen zu entwickeln. Das Motto lautete: ‚Die Perspektive des Kunden einnehmen'. Denn Vertrieb ist ein mehrstufiger Prozess, zu dem Aktivitäten und Instrumente gehören: Messebesuche, Telefonmarketing, Kundenbesuche, aber auch Flyer, Produktblätter, Plakate, Prospekte und (Kurz)Präsentationen. Gute Ideen, gute Produkte verkaufen sich in den seltensten Fällen von alleine. Angesichts des hohen Wettbewerbsdrucks ist es heute mehr denn je erforderlich, sich mit seinen Leistungen bzw. seinen Produkten gut zu präsentieren. Es geht darum, einem ausgewählten Teilnehmerkreis vorbereitete Inhalte vorzustellen, um in einem ersten Schritt Kunden für ein (neues) Produkt zu interessieren oder von dessen Nutzen zu überzeugen. Die Anlässe sind vielfältig, die verfolgten Ziele ebenfalls.

Ausgehend von der Frage, wie man am FEP Präsentationen optimieren könnte, kam man zu der Erkenntnis, dass sie nicht nur rein ‚umfangstechnisch' zu gewaltig waren (100 Folien waren keine Seltenheit), sondern auch von Detailwissen nur so strotzten. Detailwissen ist für Fachleute interessant. Entscheider haben völlig andere Anforderungen an eine ‚gute' Präsentation. Aus diesem Grund machte man sich daran, so genannte kundenorientierte ‚Eingangspräsentationen' in komprimierter Form zu entwickeln, indem man auf tiefere Hintergründe bewusst verzichtete, um die Zuhörer nicht zu erschlagen. Das hier Geschilderte gilt auch für manches mittelständische Unternehmen, das den Kunden eben nicht ‚abholt', sondern abschreckt. Und anstelle mit überfrachteten Texten zu arbeiten, lässt man sich nun von dem Motto leiten: „Ein Bild sagt mehr als 1.000 Worte" und integriert Fotos von Kundenprodukten oder von Produkten, die für einen anderen schon einmal beschichtet wurden. Erst in einem zweiten Schritt werden nun die technischen Details gezeigt. Auf diese Weise können potenzielle Kunden gedanklich leichter ‚andocken'.

Präsentieren – ein kleiner Exkurs

In dem Begriff ‚Präsentation' enthalten ist der Begriff *Präsent*. Das meint Geschenk. Eigentlich. Bei manch einer Präsentation allerdings würde der so ‚Beschenkte' lieber den strategischen Rückzug antreten. So er denn könnte. Da kommen die einzelnen Wörter wie der Stier in der Arena aus unterschiedlichen Ecken, und es flimmert mit allen Schikanen herein, man weiß nicht, wie einem geschieht. Sich drehende und wendende Wörter, teils um die eigene Achse, und ehe dann der vollständige Text endlich erscheint, noch eine elegante Drehung ausführend und auf den Bildschirm poppend.

Und dann wird alles aktiviert, was das Programm auch nur im Entferntesten zu bieten hat: Rasterverläufe, 3-D, Animationen, Schattierungen soweit das Auge reicht und das komplette Farbspektrum, alles garniert mit 20 oder mehr unterschiedlicher Schrifttypen. Ein Hammerschlag vor die Augen.

Zur Form gesellt sich der Inhalt. Content follows form (häufig genau in dieser Reihenfolge.) Ein didaktisches Grundprinzip lautet ‚7 +- 5 Infoeinheiten'. Wenn es nur häufiger beherzigt würde. Da gibt es Folien, die ein Vielfaches von 7 bieten.

Meist handelt es sich um verkappte Textdokumente, die mit zusammengestoppelten Grafiken ein bisschen ‚aufgehübscht' werden, als ob sie so von ihrer Textlastigkeit ablenken könnten. In diesen geschilderten Fällen kann man sich des Eindrucks nicht erwehren, dass der Präsentator alle zur Verfügung stehenden Kräfte aufgeboten hat, um sein Publikum mit Details zu erschlagen. Die Folge: Lost in space. Wo waren wir doch gleich? Ich verstehe nur Bahnhof.

Und wer schon einmal das ‚Glück' hatte, vor Beginn der eigentlichen Präsentation in der Vorbereitungsphase einen harmlosen Blick auf die Folienansicht werfen zu können (diese Funktion muss sich ein Kundenhasser ausgedacht haben) – flüchtig zwar, aber immerhin lange genug, um ein Gespür für die drohende Anzahl der Folien zu bekommen – wird nervös geschluckt oder Fluchtreflexe verspürt haben. 12 Folien à zwei Minuten macht 24 Minuten. Das ist o.k. Aber 96 mal durchschnittlich zwei Minuten macht – du liebe Zeit! Wo waren doch gleich nochmal die Toiletten? Ich muss dringend nochmals telefonieren! Doch dann geht's auch schon los: die Kunden‚präsentation', die Produkt‚präsentation', die Marketingstrategie‚präsentation'. Eine Präsentation, die nicht wirklich ein ‚Geschenk' ist, sondern ein Angriff. Auf das Durchhaltevermögen und die Sitzfestigkeit der Zuhörer.

Das TechAudit führte im Endresultat zu der strategischen Entscheidung, noch im Jahr 2011 in eine neue Präzisionsbeschichtungsanlage zu investieren. Denn derzeit findet Präzisionsbeschichtung auf relativ kleinen Substraten und in sehr kleinen Stückzahlen statt. Das Ziel ist jedoch, auch größere Objekte mit hoher Präzision in gleichzeitig höherer Stückzahl zu beschichten. Damit könnte nicht nur deutlich kostengünstiger produziert werden, es ließen sich auch neue Märkte erschließen. Denken Sie auch an das oben genannte Beispiel: Immer mehr Einzug hält das Fotografieren mit dem Handy. Hier werden sehr kleine Linsen in sehr großer Stückzahl produziert. Benötigt werden Beschichtungen, die den Kontrast verbessern (und je kostengünstiger die Beschichtung, desto attraktiver). Ziel ist es, Produktqualität und -performance deutlich zu verbessern.

Was die Methode ganz konkret gebracht hat

Das TechAudit lieferte wichtige Impulse zu Stärken und Schwächen in Sachen Technologieentwicklungsfähigkeit am Fraunhofer FEP. Basierend auf den ersten Ergebnissen erfolgte eine systematische Branchen- und Kundenanalyse. Strategiebildung und Außendarstellung für Präzisionsbeschichtung sind ebenfalls weit fortgeschritten: Es wurde ein Strategiepapier formuliert, die Abteilungspräsentation kundenorientiert überarbeitet. Außerdem kann die PR über mangelnde Arbeit nicht klagen: Es wurden Flyer erstellt, Anwendungsfelder beschrieben, Messebesuche geplant sowie eine Auslandsakquiseübersicht erstellt. Am wichtigsten war allerdings die Sicherheit bei der strategischen Entscheidung, in eine neue Präzisionsbeschichtungsanlage zu investieren. 2011 wurde bereits begonnen, die gewonnenen Erkenntnisse auch für andere Abteilungen des Fraunhofer FEP nutzbar zu machen – ein Roll-out der Methode gewissermaßen.

Erstes Etappenziel erreicht

Das erste Etappenziel ist erreicht, die Arena bereitet. Das TechAudit hat wichtige Hinweise geliefert, wie eine Organisation ihre Prozesse und Strukturen gestalten muss, um die Technologieentwicklungsfähigkeit gezielt zu erhöhen. Nun lautet die Frage: Was geschieht als nächstes? So will man in einem nächsten Schritt in der Regel wissen, welches technologische Kompetenzprofil eine Organisation hat und welche Konkurrenztechnologien existieren, wie die Performance der Technologie zum aktuellen Zeitpunkt ausgeprägt ist und wie sie sich in Zukunft entwickeln wird; wie das künftige Technologieportfolio aussehen muss und, last but not least, welche Möglichkeiten sich eröffnen, die eigene/neue Technologie zu entwickeln. Antworten auf all diese Fragen liefert das TechnologieRadar.

Wir kommen zur zweiten Methode.

Kapitel 3:

„Wo haben wir Chancen?“
Relevante Themen identifizieren

„Wer die Zukunft als Gegenwind empfindet, geht in die falsche Richtung.“
Martin Held

Was dynamische Navigationshilfen nützen

Das Datum: Montag, 20.6.2011

Der Ort: Rügen an der Ostsee.

Der Event: Eine von der Betriebssportgemeinschaft, Sektion Wassersport, organisierte ‚Spaß-Regatta Rügen – Bornholm – Rügen' der Fraunhofer Gesellschaft. Keiner der Teilnehmer auf den drei teilnehmenden Segelyachten kennt das Revier, alle Segelyachten verfügen über moderne Ausstattungen zur Navigation. Die interessierende Frage ist: Lässt sich erkennen, welchen Nutzen dynamische Navigationshilfen im Wettbewerbskontext haben?

Am Vorabend des geplanten Bootwettkampfs ist Windstille in der Marina von Lohme auf Rügen. Anhand der per Funk abgehörten Seewetterberichte wissen die Crews, dass es deutlich auffrischen würde – von Windstärke 0 Beaufort (bft) auf ca. 8 bft ins andere Extrem. Gegen 0800 am Vorabend erfahren die Crews den genauen Zielort von der Regattaleitung und beginnen die Vorbereitung mit dem konventionellen Kartenstudium und dem Abhören des Wetterfunks. Die Crews ermitteln theoretisch ideale Kurse unter Annahme unterschiedlicher Parameter für Wind und Seegang und halten dies im Kursplan fest. Ein Team entscheidet sich, dynamische Windinformationen soweit möglich auch während der Fahrt in die taktische Planung einzubeziehen, auch wenn dies den Planungsprozess agiler und aufwändiger gestaltet. Diese per Internet publizierten Windinformationen zeigen auf einer Karte an, wo Felder mit stärkerem oder schwächeren Wind gemessen wurden und wo sie in den nächsten Stunden erwartet werden.

Um 0900 fällt der Startschuss mit dem Verlassen der Marina von Lohme mit Kurs auf die Insel Bornholm. Die Entfernung beträgt ca. 55 Seemeilen, gute 100 km über die offene See. Sportliches Segeln in diesem Gebiet heißt kluge Kursbestimmung angesichts zuweilen unberechenbarer kleiner Sportschiffer, zügiger Motoryachten, planmäßig agierender Fähren und gefährlich trägen Frachtern. Nicht anders als im Wirtschaftsleben gilt es, fallbezogen auszuweichen oder regelkonform Kurs zu halten, um Kollisionen zu vermeiden.

Das Feld der Yachten bleibt in der ersten Stunde dicht beisammen, bis der Kaiserstuhl von Rügen kaum noch erkennbar ist. Wechselseitig liegt die eine, mal die andere Yacht vorn, bis die SY van den Naar scharf nach Südosten abdreht. Etwas später korrigiert die SY Adriana ihren Kurs nach Norden. Die SY Filou hingegen wird langsamer, behält den Kurs der direkten Ansteuerung auf Bornholm jedoch bei. Wechselseitiges Rätselraten über die Entscheidungen der anderen Yachten findet statt – offenbar interpretieren die Crews die bekannten Informationen neu oder sie haben gänzlich neue Informationen über die kommenden Windverhältnisse erhalten. Die Überfahrt wird ruppig. Während der Nacht konnte der starke Westwind kurze, steile Wellen aufbauen, die nun von schräg hinten die Yachten ins Rollen bringen und immer wieder mal das Heck und mal den Bug unsanft verschieben. Eine Situation, die an die Substanz der Crews geht. Kein offensichtliches Ziel ist zur Orientierung erkennbar, nur die Weite der rauen See. Trotzdem muss man konzentriert Ausschau nach Hindernissen halten. Brecher heben die tonnenschweren Yachten an und ziehen unter ihnen hinweg. Die Mannschaften werden mürbe, manche fallen durch Seekrankheit aus und müssen von den übrigen Mitgliedern ersetzt werden. Läuft alles wie geplant, stellt die Navigation auf der SY Filou fest. Die abgerufenen Windfeldkarten zeigen, dass nach eher schwächerem Wind nun ein starkes Windfeld aus West kommt, fast ideal, um hohe Geschwindigkeiten auf nordöstlichen Kursen zu erzielen. Schnell bringt der Wind das voll gesetzte Genuasegel an die Belastungsgrenzen, das Rigg beginnt zu brummen und die Segelyacht zu surfen. Jetzt wird spürbar Strecke gemacht, die SY Filou kann die relativ besten Bedingungen zur Ansteuerung von Bornhom nutzen. Nur wenige Stunden vergehen, bis der fast ungläubige Ruf des Steuermanns erklingt: „Land in Sicht“. Die Umrisse von Bornholm werden sichtbar. Der Blick auf die GPS-Navigation zeigt, dass die dänische Insel tatsächlich nur noch wenige Seemeilen entfernt ist. Schlagartiger Stimmungswandel an Bord der Filou, auch die ausgefallenen Mitglieder berappeln sich wieder. Die SY Filou legt im Hafen von Rønne an und benachrichtigt die Van de Naar und Adriana. Ungläubiges Staunen auch dort, da die Van de Naar mit ihrer Entscheidung, vor den Wellen zu steuern, jedoch schwächere Windfelder nutzte. Die SY Adriana war mit ihrer Entscheidung, über den Nordkurs Bornholm anzusteuern, am heftigsten gebeutelt, da die Wellen lange Zeit von der Seite und von schräg vorne auf die Yacht schlugen und so die Yacht zuweilen stark abbremsten. Für die SY Filou war die Berücksichtigung der Windkarten als dynamische Navigationshilfen der entscheidende Punkt, um auf der Etappe nach Bornholm einen deutlichen Vorsprung herauszufahren.

Wissen, woher der Wind weht

Der nächste Tag bringt dunkle Wolken am Horizont. Jede Crew ahnte, dass es eine Wetterverschlechterung Richtung Rügen geben würde. Die Crews hören den Wetterfunk ab und lesen Wetterfaxe. Angekündigt sind wechselhafte Winde, teilweise Gewitter und insgesamt schlechte Sichtbedingungen. SY Filou ruft dynamische Informationen aus den bordeigenen Regenradar ab, welches starke Niederschläge mit Gewittern auf der Etappe nach Rügen erkennen lässt.

Bereits im Hafen zu wissen, worauf man sich bei der Überfahrt einzustellen hat, hilft den Crews, mental wie organisatorisch. Unnötiges wird festgezurrt, Segel werden gerefft und Wacheinteilungen wegen der voraussichtlichen Belastungen angepasst. Angesichts der laufenden Beobachtung des Wetters auf dem Regenradar werden sichere Kurse diskutiert und Ausweichhäfen festgelegt. Diese Informationen werden mit allen teilnehmenden Segelyachten geteilt, um maximale Sicherheit im Verbund zu gewährleisten. Die Nähe zwischen den Segelyachten während der Fahrt wird vereinbart, um im Notfall schnell zur Hilfe zu sein.

Während der Überfahrt verschlechtert sich die Sicht schlagartig, Wind und starker Regen setzen ein. Die Navigation kann erkennen, dass die stärksten Niederschläge auf offener See zu erwarten sind, hier wird voraussichtlich die optische Erkennung des Schiffsverkehrs extrem schwierig. Parallel dazu werden die bordeigenen Radargeräte aktiviert. Zwar ist die Bedienung von Radargeräten bei starken Niederschlägen in bewegter See äußerst anspruchsvoll und erfordert langes Training. Doch der Einsatz dieser Hilfsmittel kann im Ernstfall Leben retten und reduziert die allgemeine Stresswahrnehmung an Bord durch geringere Unsicherheiten in der Navigation deutlich.

Die Navigatoren der Segelyachten beobachten auf ihren Systemen das Wettergeschehen laufend und tauschen sich per Funk aus. Hierbei hilft enorm, dass alle Beteiligten ihre über Jahre gesammelten Erfahrungen in der Wetterbeobachtung in die Lagebeurteilung einfließen lassen. Die Skipper entscheiden auf Anraten der Navigatoren, die heftigsten Gewittersysteme nahe Rügen zu umfahren und die Marina Vitte der Insel Hiddensee anzusteuern. Vitte liegt im mittleren Teil der von Süd nach Nord länglich gestreckten Insel und ist nur durch den Vitter Bodden erreichbar, ein Flachwasserbecken, der für Segelyachten nur durch das Befahren von ausgebaggerten Fahrrinnen passierbar ist. Diese Fahrrinnen sind an den Grenzen mit schwimmenden Seezeichen markiert. Ein kurzfristiges Verfehlen dieser Seezeichen führt zum schnellen Auflaufen auf eine Untiefe – im besten Fall Schlick, im ungünstigsten Fall Felsen. Unter normalen Sichtbedingungen sind die Seezeichen der Fahrrinne für den Ausguck und Steuermann gut erkennbar. Unter den vorherrschenden Schlechtwetterbedingungen sind jedoch beide nicht in der Lage, rechtzeitig eine Abweichung zu erkennen und frühzeitig gegenzusteuern. Da alle teilnehmenden Segelyachten mit Hilfe von GPS bordeigene Positionskarten errechnen, können die Navigatoren parallel zum optischen Ausguck Hinweise geben, welche Abbiegungen in den nächsten Sekunden in den verzweigten Fahrrinnen-System des Vitter Bodden vorliegen. Die Segelyachten reihen sich in der Fahrrinne hintereinander wie an einer Perlenschnur gezogen ein, um in der mittlerweile vorherrschenden Dunkelheit zur Marina von Vitte um 2100 erschöpft, aber zufrieden anzulegen.

In der abschließenden Wertung gelang es der SY Filou, den ersten Platz in der Regatta zu sichern. Allen Teilnehmern wurde allerdings auch klar, dass ein unbekanntes Revier bei sehr anspruchsvollen Wetterbedingungen hohe Anforderungen an alle Beteiligten stellt, die gesetzten Ziele sicher und zügig zu erreichen. Aus seemännischer Sicht kürten sie daher die dynamischen Navigationssysteme zum wahren Sieger.

Was können wir aus diesem Beispiel lernen?

Konventionelle Vorbereitung und lokale Erfahrungen sind nach wie vor wichtig – und zuweilen ausreichend. Kennt man ein Gebiet sehr gut, reicht vielfach das vorhandene Wissen und die gesammelte Erfahrung aus, um sicher und schnell Ziele zu erreichen. Bei der obigen Regatta fehlte es jedoch allen Crews an lokaler Erfahrung, hier konnten aktuelle und punktgenaue Informationen zur Positionsbestimmung bei der taktischen Planung helfen, ohne das Ziel aus dem Auge zu verlieren.

Dynamische Navigationsmittel bieten diese Informationen und ermöglichen auf diese Weise, neue Chancen zu erkennen (günstige Windbedingungen) sowie unnötige Risiken zu vermeiden (Untiefen oder Kollisionen). Wettbewerbsentscheidend war jedoch nicht allein die Verfügbarkeit dynamischer Hilfsmittel, sondern deren situationsgerechte Nutzung. Jede Crew war prinzipiell mit den genannten Technologien ausgestattet, nutzte sie jedoch nicht in gleichem Maße. Bei der Wettfahrt nach Rügen konnte nur die SY Filou die Wettbewerbsvorteile für sich nutzen, während bei der Rückfahrt der Austausch zwischen den Yachten für Sicherheit im Verbund sorgte.

In diesem Beispiel gibt es eine ganze Reihe interessanter Analogien zu unserem Thema.

Erste Analogie: Die Analogie zum klassischen Strategie- bzw. Technologieentwicklungsprozess liegt auf der Hand: Man macht sich zu Beginn sehr viele Gedanken, schreibt alles auf, fährt los – und dann wird Vieles ‚über Bord geworfen'.

Zweite Analogie: An Bord waren nirgends 100 Prozent ‚Seebären'. Sie fahren, im Bild gesprochen, immer mit einer Mannschaft, unter der sich einige Neulinge befinden, die mit der vielleicht unbekannten und stressigen Situation zu kämpfen haben. Auf dem Weg nach Bornholm war heftiger Seegang – mit der Folge, dass Teile der Mannschaft ausfielen. Dies geschieht auch in der Wirtschaft, dennoch müssen Unternehmen sicher dorthin kommen, wo sie hinwollen.

Dritte Analogie: Wenn Sie sich in Gebiete vorwagen, wo Sie noch über kein Erfahrungswissen verfügen, helfen solche technischen Systeme. Wenn ein Unternehmen von einem Technologiemarkt A in einen Technologiemarkt B eintreten möchte, dann sind die Bedingungen unter Umständen völlig andere als erwartet oder bekannt. Aus diesem Grund benötigen Unternehmen möglichst viele aktuelle Informationen, um ein Gefühl für diesen neuen Markt zu bekommen und sich ein Bild von den tatsächlichen Bedingungen zu machen.

Wir kommen zu den Anwendungsbeispielen.

Höllenstoff in Flaschen, Bombenattrappen & Co.

„Ohne Sicherheit ist keine Freiheit."
Wilhelm von Humboldt

Menschen brauchen Sicherheit

„Die Botschaft auf der Verkehrsanzeige des Autobahnrings M25 um London herum signalisierte am 7. Juli 2005 etwas Apokalyptisches: AVOID LONDON – AREA CLOSED – TURN ON RADIO. Terroristen hatten in der Rush-Hour ab 8 Uhr 50 morgens in kurzer Folge eine Reihe von Bomben gezündet, die das Verkehrssystem trafen: Vier U-Bahn-Züge und einen Doppeldeckerbus. Die Bomben töteten 52 Reisende und die vier Selbstmordattentäter und legten das Transport- und Kommunikationssystem Londons vorübergehend lahm. Im Schrecken erschreckend: Der Terror kam mittels frei verfügbaren Allerweltssubstanzen zustande, die im Sortiment jedes Damenfriseurs enthalten sind: Nagellackentferner und Haarblondierungsmittel. Aus den darin enthaltenen Chemikalien lässt sich mit bescheidenem Know-how ein hochbrisanter Sprengstoff herstellen, Triacetonperoxid, TATP, der allerdings leicht zur Unzeit detoniert.“ (BMBF-Broschüre, S. 27)

Explosivstoffe zu detektieren ist so einfach nicht

Verkehrssysteme sind nur ein neuralgischer Punkt von vielen, die permanent kontrolliert werden müssen. Kontrollen kennen Sie aber auch aus ganz anderen Bereichen:

Kontrollen an Flughäfen: Personenkontrollen (mittels Portalen, aber vielleicht auch in Zukunft portalunabhängig), Gepäck-, aber auch Frachtkontrollen

Kontrollen bei Großveranstaltungen (mit und ohne Portale): Hier kommt beispielsweise als Schwierigkeit hinzu, dass bei Veranstaltungen unter freiem Himmel einzelne Explosivstoffmoleküle, die ggf. als Reste an Kleidung oder Händen anhaften können, nur noch schlecht erfasst werden können (weil der Wind einen Strich durch die Rechnung macht).

Ständige Detektion von Explosiv- bzw. Gefahrstoffen in Gebäuden kritischer Infrastruktur (z.B. in Bahnhöfen, repräsentativen Gebäuden, Regierungsgebäuden, Versorgungsinfrastrukturen etc.)

Unabhängig von der konkreten Situation, bestehen in der Regel immer die folgenden Herausforderungen: Es geht um die schnelle und zuverlässige Detektion (auch von kleinen Mengen Sprengstoff) vor Ort, die Detektion von Sprengstoff, der in unterschiedlichen Behältnissen transportiert wird (der menschliche Körper eingeschlossen), die Detektion aus einiger Entfernung (wenn keine Stoffprobe genommen werden kann; andersherum stellt aber auch die automatisierte Probennahme und vor-Ort-Analyse eine Herausforderung dar), das Detektieren und Erkennen einer Vielzahl verschiedener explosiver Gefahrenstoffe.

Und die Angriffe werden immer raffinierter. Seien es neue Terrortaktiken bei den Flughafenkontrollen (mit implantierter Bombe), neue Typen von Sprengstoff (z.B. flüssig); Plastiksprengstoffe, die beim Scannen am Flughafen unentdeckt bleiben oder perfide Paketbomben (Rohrbomben in einem ausgehöhlten Buch). Das Arsenal des Schreckens kennt keine Grenzen.

Bisher stehen wir vor einer ungelösten technologischen Herausforderung, wenn es darum geht, eine Vielzahl unterschiedlicher Explosivstoffe zu detektieren. In Zeiten weltweit zunehmender terroristischer Bedrohungen wird die Lösung dieses Problems immer drängender. Um verdächtige Gegenstände untersuchen zu können, benötigen wir dringend schnell und zuverlässig arbeitende Detektionsverfahren. Würden wir darüber verfügen, könnten wir einer Vielzahl von Risiko- und Bedrohungspotenzialen zukünftig besser begegnen. Sie würden nicht nur die Sicherheit von Einsatzkräften im Umfeld möglicher terroristischer Anschläge erhöhen. Sie würden auch den Komfort erhöhen und die Kontrollzeit von Personen und Gegenständen an Sicherheitsportalen an Flughäfen und Checkpoints reduzieren und der Sicherheitsüberwachung bei Großereignissen dienen. Mit diesen Fragestellungen sind vor allem Unternehmen konfrontiert, die Kontrollsysteme für Grenzübergänge oder Flughäfen herstellen, Betreiber diverser kritischer Infrastrukturen, aber auch Transportdienstleister im Bereich Cargo, Pakete und Briefe.

Um Explosivstoffe zu detektieren, gibt es eine Vielzahl an unterschiedlichen Technologien, die häufig mit Sensoren arbeiten. Die interessantesten seien kurz vorgestellt.

Spektroskopische Methoden

Spektroskopische Methoden sind sehr gut geeignet, um Sprengstoff im Freien zu entdecken, beispielsweise in einer Menschenmenge. „Heute schon werden bei der Gepäckkontrolle im Flughafen von prinzipiell verdächtigen Teilen wie Notebooks Wischproben genommen, die – in einem Analysegerät erhitzt – Dämpfe abgeben, die auf der Stelle auf Sprengstoffspuren untersucht werden." (BMBF 2008, S. 27). Der Nachteil dieses Verfahrens: die Prozedur ist ortsgebunden.

Genau an dieser Schwachstelle setzt die Fourier-Transformations-InfraRot-Spektroskopie an, kurz: FTIR, ein Verfahren, das an der Fachhochschule Düsseldorf und dem Fraunhofer-Institut für Chemische Technologien (ICT) untersucht wurde, um den typischen Terrorsprengstoff TATP berührungslos über eine Distanz von mehreren hundert Metern zu entdecken.

Terahertz-Strahlung

Wenn es allerdings darum geht herauszufinden, wer in dem Menschengewühl bei einer Großveranstaltung den Sprengstoffgürtel trägt, benötigt man beispielsweise elektromagnetische Strahlungen aus einem Frequenzbereich zwischen Mikrowelle (Herd) und

Infrarot (Fernbedienung), der technisch bislang nicht erschlossen war. Die Rede ist von der so genannten Terahertz-Strahlung, mit der man unter die Kleidung sehen kann. Mit Hilfe eines solchen Detektors ließen sich selbst Keramikmesser entdecken, die sich den Metallsuchgeräten entziehen. Ein Gerät, das entsprechend sophisticated wäre, könnte aus der Distanz sogar eine chemische Analyse vornehmen.

Die zwei Dimensionen bei Detektionstechnologien

Bei Detektionstechnologien gibt es, vereinfacht gesagt, zwei Dimensionen. Man kann sowohl die Art der Detektionsdurchführung (unmittelbare Detektion bzw. ‚Stand-off-Detektion') unterscheiden als auch verschiedene Detektionsprinzipien bzw. Aufspürtechniken (Trace Detection oder Bulk Detection) abgrenzen. Nur der Vollständigkeit halber sei noch gesagt, dass zur Detektionsdurchführung auch Portal-Messsysteme gehören, wie sie bei Passagierkontrollen an Flughäfen weltweit eingesetzt werden. Messsysteme spielen in unserem Anwendungsfall jedoch keine Rolle.

Unter *‚Stand-off-Detektion'* versteht man das Aufspüren durch Fernmessung. Ein Traum von Antiterror-Experten: Aus sicherer Entfernung erkennen zu können, ob ein herrenloser Koffer am Bahnsteig tatsächlich einen tödlichen Sprengsatz enthält oder ob Entwarnung gegeben werden kann – und das alles im Bruchteil von Sekunden, ohne Menschen zu gefährden oder auf bloßen Verdacht den gesamten Bahnhof evakuieren zu müssen. Bei der *unmittelbaren Detektion* hingegen wird unmittelbar eine Probe genommen und analysiert.

Bei der *‚Trace Detection'* geht es um kleine Proben. Hier können Moleküle erkannt werden, beispielsweise mit Hilfe von molekular geprägten Polymeren (Molecularly Imprinted Polymers, MIP). Auf die werden wir noch in anderem Zusammenhang zu sprechen kommen. Das Prinzip der *‚Bulk Detection'* kennen Sie vom Flughafen. Dort wird schon seit Jahrzehnten das Gepäck mit Röntgenstrahlen durchleuchtet, um metallische Gegenstände wie Waffen oder größere Mengen Explosivstoffe zu erkennen.

Das TechnologieRadar in der Praxis

Technologieentwicklung beginnt damit, geeignete Technologien zu identifizieren. Leicht dahingesagt – und in der Praxis erleben wir immer wieder, wie schwierig und mit wie viel Frustration die Umsetzung verbunden ist. Die gute Nachricht: Das TechnologieRadar zeigt Ihnen den Weg. Die Leitfrage lautete in unserem Anwendungsbeispiel, welche Technologien existieren und – abhängig vom konkreten Szenario – zur Explosivstoffdetektion geeignet sind.

Den Technologiebedarf der Zukunft ermitteln

Im ersten Schritt wurde der Technologiebedarf in der Zukunft ermittelt und ein Technologiebedarfsprofil des Unternehmens erstellt, das wir aus Gründen der Geheimhaltung im folgenden Muster GmbH nennen wollen. Dies erfolgte in Form von Workshops, in denen die Projektziele festgelegt wurden. Anhand des Profils wurden relevante Trends identifiziert und in einer Potenzialanalyse bewertet. Die Bewertung erfolgte anhand eines Kriterienkatalogs (wie etwa Marktvolumen, technische Machbarkeit und interner technologischer Wissenstand).

Detektionstechnologien mit definierten Funktionen identifizieren

Die nächste Herausforderung ergab sich aus der enormen Breite des Technologiespektrums. Gute Dienste leistet bei diesem Schritt die Analyse verschiedener Szenarien. Denn unterschiedliche Bedrohungen wie die so genannten ‚home-made explosives', zivile bzw. militärische Sprengstoffe sowie die Berücksichtigung des Einsatzorts erfordern unterschiedliche technische Lösungen, denken Sie nur an Bereiche wie den öffentlichen Nahverkehr, das Überprüfen von Inhalten in Containern und Paketen, Check-points an Flughäfen oder an Großveranstaltungen. Anhand einer Auswahl wurde die Recherche auf einige bestimmte hochenergetische Stoffe bzw. Stoffgruppen eingeschränkt.

Aber nicht nur ein Einsatzszenario ist wichtig, sondern auch eine exakte Definition dessen, wonach gesucht werden soll. Denn nur so lässt sich der Suchkorridor vernünftig eingrenzen und eine vernünftige Qualität der Ergebnisse sicherstellen. Dazu gibt es, je nach Anwendungsfall, meist eine Fülle von Möglichkeiten. In unserem Fall fand eine glasklare Fokussierung auf Explosivstoffe statt. ‚Verknüpfte' Technologien wie beispielsweise Zündvorrichtungen oder auch Datenfusion bzw. -auswertung wurden ganz bewusst ausgeklammert. Verzicht an dieser Stelle kann eine große Hilfe sein.

Technologieanalyse

Auf Grundlage des ermittelten Technologiebedarfsprofils sowie des Szenarios wurden in einem nächsten Schritt, softwaretechnisch unterstützt, existierende Technologien recherchiert. ‚Durchforstet' wurden Quellen wie Literaturverzeichnisse, Datenbanken o.ä. Das Ergebnis war eine Übersicht, vergleichbar einer Excel-Tabelle. Die zentrale Frage lautete, ob in dieser Übersicht eine oder vielleicht sogar mehrere Technologien beschrieben wurden, die für den konkreten szenarioorientierten Anwendungsfall interessant sein könnten? Bei der Analyse ergeben sich dann schnell Überlegungen, wo nochmals tiefer nachgefasst werden müsste (um beispielsweise Experten für die relevanten Technologiefelder zu identifizieren).

Daneben fanden moderierte Ideen-Workshops mit ausgewählten Experten statt, um neben den neuen Technologien auch deren Einsatzpotenziale für die Muster GmbH zu erörtern. In vertraulichem Rahmen wurden zentrale Fragestellungen sowie konkrete Produktideen, Vorschläge und Handlungsempfehlungen diskutiert und analysiert.

Technologiebewertung

Entscheidend ist, Trends richtig zu bewerten und einzuschätzen. Denn nur so können veränderte Marktbedingungen rechtzeitig antizipiert werden. Aus diesem Grund erfolgte abschließend eine Bewertung und Einordnung der Technologien und Themen im Kontext der Muster GmbH. Zu diesem Zweck wurden auf Grundlage der vorherigen Arbeiten die ermittelten Technologien aufbereitet und unter Einbeziehung der Marktseite analysiert.

Nochmals kurz zur Wiederholung: Wir hatten gesagt, dass sich das TechnologieRadar für den Technologieanwender und -entwickler in besonderer Weise dafür eignet, ‚best-fitting'-Technologien für eigene Anwendungen zu identifizieren. Außerdem unterstützt es eine Organisation bzw. Institution dabei, die Technologiestrategie anzupassen. Bild 4 zeigt in prägnanter Form verschiedene Technologien, die identifiziert und bewertet wurden. Der Zeithorizont umfasst knapp zehn Jahre.

Innerhalb der bildgebenden Verfahren, der spektroskopischen Methoden und der spezifischen Gassensoren gab es für die Muster GmbH diverse Optionen, um eine konkrete Technologie auszuwählen. Dies ist jedoch nur der eine Aspekt. Die andere Facette umfasst Technologieentwicklungsoptionen. Ausgangspunkt ist das heutige Performance-Profil einer Technologie. Die Frage lautet, welches Performance-Profil künftig nötig sein wird, um Marktbedarfe zu befriedigen und Kundenwünsche zu erfüllen.

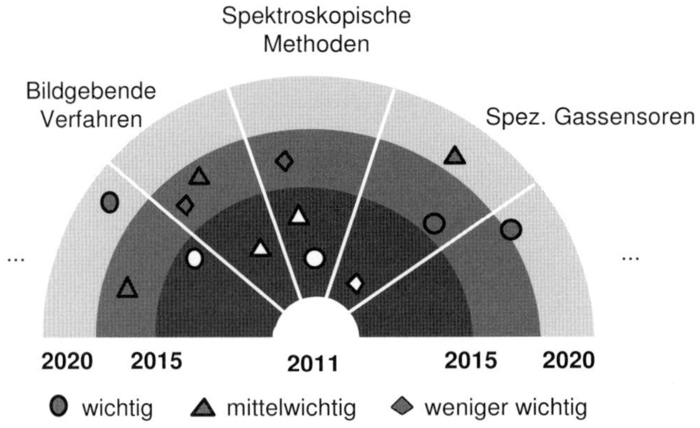

Bild 4: Identifizierte und bewertete Technologien

Auf Schatzsuche

Das digitale Universum wird auf Quadrillionen (eine 1 mit 18 Nullen) von Wörtern geschätzt.

Fakten statt Prosa

1989-03	Tim Berners-Lee's stellt seine Ideen für ein WWW dar
1990-05	Info.cern.ch wird die erste Domain des WWW
1991-12	Erster WWW-Server außerhalb Europas geht live
1996-01	100.0000 WWW Server / 25 Mio. Internetnutzer
1997-06	1.117.259 WWW Server / 70 Mio. Internetnutzer
1998-09	Google startet mit 26 Mio URLs
2000-06-26	Google indexiert 1 Mrd URLs
2008-07-25	Google indexiert 1.000 Mrd URLs

Wenn's unter der Oberfläche brodelt

Nicht nur das Volumen ist eine Herausforderung, sondern auch der ‚Aggregatzustand' der Daten. Denn nur 20% aller Daten liegen in strukturierter Form vor, quasi auf der Oberfläche sichtbar als die berühmte Spitze des Eisbergs. Das Vierfache allerdings, nämlich 80% aller verfügbarer Daten, sind nur in unstrukturierter Form verfügbar. Dazu zählen Daten in e-Mails und Notizen, in Textdokumenten (PDFs, PPT), aber auch in Bildern, Videos und Audio-Dateien. Bei einem Telefonbuch beispielsweise sind die Daten wohlstrukturiert. Bei einer Nummer wissen Sie daher sofort, dass es sich um eine Telefonnummer handeln muss. Aber was bedeutet in einem unstrukturierten Dokument die 76790? Die Patentnummer? Die Postleitzahl? Der Jahresumsatz in Mio. Euro? Die Anzahl an Beschwerden oder zurückgerufener Fahrzeuge? Genau diese unstrukturierten Daten sind die eigentliche Herausforderung. Der Versuch, sich zu informieren, wird immer schwieriger. Oder anders gesagt: ‚Informare' wird zum ‚Infor-Mare' – zum Alptraum (mit ‚p', alte Rechtschreibung).

Einzelne Zahlen und Begriffe zu identifizieren und in einen Gesamtzusammenhang einzuordnen ist angesichts dieser Rahmenbedingungen nicht so einfach. Aber genau darum geht es: Wir benötigen Bedeutung. Und wir benötigen Tools, um die Bedeutung (Semantik) aus Daten zu extrahieren. Zum Beispiel Smart Semantics.

Extrahieren statt recherchieren

Smart Semantics erkennen Bedeutungszusammenhänge in unstrukturierten Daten wie e-Mails, Websites und Textdokumenten. Das Ganze funktioniert via modellbasierter Inhaltsanalysen anstatt der konventionellen stichwort- oder regelbasierten Verfahren. Letztere kommen in klassischen Suchmaschinen zum Einsatz. Smart Semantics sind Analysekomponenten, die über offene Schnittstellen an bestehende Volltextsuchmaschinen ‚andocken' können und die in der Lage sind, deren Ergebnisse zu verbessern.

Ein *Site Classifier* beispielsweise erkennt in unstrukturierten Daten, nach einem gewissen Warm-up, Dokumente mit Projekt-, Mitarbeiter- und Produktinformationen.

Ein *Named Entity Recognizer* identifiziert Personen, Organisationen oder Orte, die als Bezeichnungen innerhalb von Dokumenten auftauchen. Er stellt beispielsweise fest, ob mit dem Wort ‚Maurer' im jeweiligen Kontext der Nachname oder die Berufsbezeichnung gemeint ist.

Ein *Keyword Extractor* extrahiert aus einem Dokument bedeutsame Wörter, um den Inhalt mit Hilfe von Stichwörtern zu umreißen.

Erst in jüngerer Zeit werden auch Analysetechnologien entwickelt, die in der Lage sind, natürlichsprachlich formulierte Beziehungen zwischen bestimmten Personen, Organisationen oder Orten festzustellen. Damit soll es dann künftig möglich sein, zu erfragen, welche Personen in einer Organisation arbeiten, die an bestimmten Orten tätig sind – ohne jedoch im Vorfeld konkrete Personennamen oder Organisationsbezeichnungen angeben zu müssen.

Bedeutung verstehen – für eine Maschine nicht so einfach wie es klingt

Wörter der natürlichen Sprache sind häufig mehrdeutig (ambig). Um diesen Sachverhalt zu beleuchten, wollen wir uns einen kleinen Satz ansehen, der es jedoch in sich hat. Am 18.07.08 war in der ZEIT zu lesen: „Über Kohl höhnte Strauß: ‚Er wird nie Kanzler werden.'" Ein Leser kann aus dem Kontext problemlos schließen, dass es sich bei ‚Kohl' nicht um das Gemüse und bei ‚Strauß' nicht um einen Vogel handelt.

Ganz so einfach ist dieses Erkennen der Bedeutung für eine Maschine nicht. Damit ein Software-System erkennen kann, dass es sich in diesem Satz beide Male um eine Person handelt, muss die Umgebung der beiden Wörter analysiert werden. Taucht das Wort ‚Kohl' in einem Satz auf, in dem auch das Wort ‚Kanzler' vorkommt, handelt es sich vermutlich um eine Person. Kommt das Wort im Zusammenhang mit ‚kochen' vor, handelt es sich vermutlich um ein Gemüse. Vermutlich! Denn sicher ist es nicht. Hier muss ein Klassifikator viele Trainingsstunden absolvieren, um in Sätzen exakt zu erkennen, wann es sich um eine Person handelt – und wann nicht, wann es sich um eine Frau Müller handelt, und wann um eine Berufsbezeichnung.

Warum ist die Lösung dieser fast schon akademisch anmutenden Fragestellungen von wirtschaftlichem Nutzen? In der Beobachtung von entwicklungsintensiven und dynamischen Technologiefeldern sind Trends bzw. Disruptionen vor allem aus natürlichsprachlichen Quellen zu ziehen, bevor sie sich in steigenden oder sinkenden Absatzzahlen niederschlagen. Zu diesen Quellen zählen Gerüchte, offizielle Verlautbarungen, technische Beschreibungen, Patente. Heutzutage entstehen diese Dokumente in einer Anzahl und einem Umfang, welche durch rein menschliches Sichten nicht mehr beherrschbar sind. Schnellere Innovationzyklen der Wettbewerber können in der Konsequenz bedeuten, dass man seine eigenen Planungen nun unterjährig überarbeiten muss. Das klassische Planen und Recherchieren während eines bestimmten

Zeitpunkts im Jahr ist dann nicht mehr ausreichend. Es geht darum, am Puls der Zeit zu bleiben und dynamisch die Informationen in die weitere Planung einzubeziehen. Das erfordert eine gründliche Vorbereitung der zu beobachtenden Inhalt.

Das TechnologieRadar in der Praxis

Eine funktionsorientierte Technologiematrix erstellen

Zugegeben: Es gibt charmantere Begriffe als ‚funktionsorientierte Technologiematrix'. (Im amerikanischen wäre dies vermutlich ein Begriff mit nur zwei Silben im Gegensatz zu diesem 13-Silben-Ungetüm.) Dennoch ist sie notwendig. Denn im Rahmen des Technologiemanagement gibt es eine Reihe immer wiederkehrender Fragen. Um nur die wichtigsten zu nennen: „Wer forscht an vergleichbaren Technologien?", „Welche Resultate erzielen die Wettbewerber?", „Welche unserer Technologien werden erfolgreich angewandt?", aber auch „Welche technologischen Funktionen wollen wir strategisch weiterentwickeln?" Aus der Technologie-Matrix lässt sich das Technologiebedarfsprofil ableiten. Häufig weiß ein Unternehmen ganz genau, nach welchen Technologien es suchen möchte. Die Technologiematrix unterstützt das Unternehmen dabei, dessen Suchfelder holistisch abzubilden und dann jene zu priorisieren, welche den größten Nutzen versprechen. Für diese Suchfelder wird dann im Nachgang nach relevanten Technologien recherchiert.

Der besondere Clou in unserem Beispiel besteht darin, dass mit Hilfe dieser Suchtechnologie beobachtet wurde, wer ebenfalls in der Entwicklung und Vermarktung intelligenter Suchtechnologien operiert. Zu diesem Zweck wird die Technologie in einzelne konkrete Funktionen ‚zerlegt'. So kann eine Funktion beispielsweise darin bestehen, Textquellen zu identifizieren, Texte zu klassifizieren oder zu extrahieren, Textinhalte zu gruppieren, Entitäten oder Relationen zu erkennen. Entitäten bezeichnen benannte Dinge, die für Menschen eine Bedeutung aufweisen. Das können z.B. ‚Personen' sein, ‚Orte' ‚Organisationen'. Relationen hingegen sind Beziehungen, und in diesem Kontext sind damit semantische Beziehungen zwischen Dingen gemeint. Max Müller ist geboren in Ulm enthält die semantische Beziehung ‚geboren in'.

Jede dieser Funktionen wird in der Matrix kurz beschrieben, ebenso die verwendete Technologie sowie die nötigen Attribute. So geht es beim Identifizieren von Textquellen in erster Linie um Geschwindigkeit, beim Klassifizieren hingegen um Genauigkeit, beim Extrahieren um Genauigkeit und Vollständigkeit. In einer weiteren Spalte werden Performance-Ziele definiert. Eine funktionsorientierte Technologiematrix zeigt damit auf übersichtliche Weise Suchräume, Verantwortlichkeiten, aber auch Benchmarks mit Blick auf die Performanceziele.

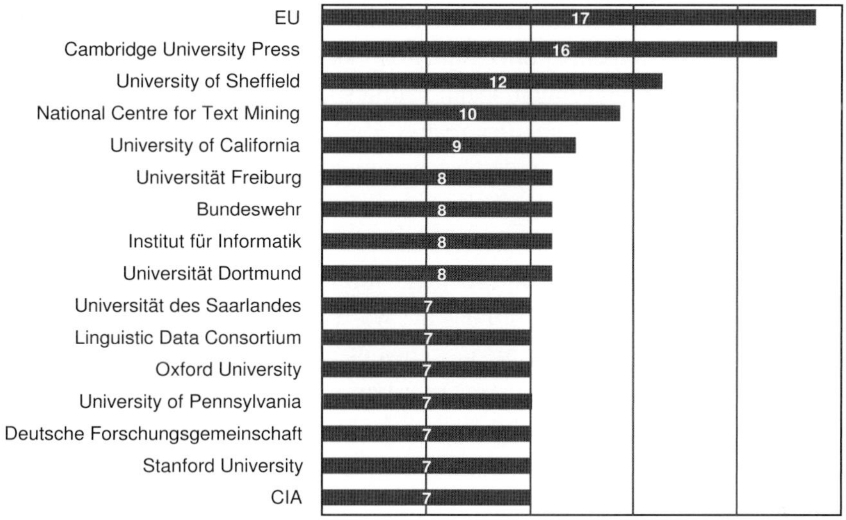

Bild 5: Das Ergebnis einer aufgabenspezifischen Abfrage

Aufgabenspezifische Suchbegriffe zusammenstellen

Die Technologiematrix hilft dabei, die aufgabenspezifischen Suchbegriffe pro Mitarbeiter/in festzulegen. Dabei werden die Mitarbeiter eingebunden, um mögliche Begrifflichkeiten für die Konfiguration ihrer aufgabenspezifischen Suche zu definieren.

Aufgabenspezifische Abfragen entwickeln

In einem nächsten Schritt werden die aufgabenspezifischen Abfragen konfiguriert und es wird festgelegt, wie in welcher Form und Frequenz diese Abfragen erhältlich sein sollen. Eine mögliche Abfrage kann vorsehen, alle neuen Dokumente von Organisationen anzuzeigen, die an ähnlichen Technologien forschen. Bild 5 zeigt beispielhaft das Ergebnis einer aufgabenspezifischen Abfrage in Form eines gestapelten Balkendiagramms. Wie Sie erkennen können, ist im Ranking die EU mit 17 neuen Dokumenten ganz oben gelistet, dicht gefolgt von der Cambridge University Press mit 16, dem National Centre for Text Mining mit 10 sowie der Universität Freiburg mit acht Dokumenten. (Dass sich auch das CIA für diese Technologie interessiert, können Sie ganz unten am letzten Balken erkennen.)

Informationen komprimieren und visualisieren

Automatisch generierte Dashboards sind im Dschungel der Informationen ein (überlebens)wichtiges Instrument. Es geht nicht darum, lange Listen von Dokumenten zu generieren, die im Alltagsgeschäft ohnehin kaum vollständig durchzulesen sind. Was im Arbeitsalltag benötigt wird, ist wie bei Navigationsgeräten eine einzige Karte, eine Übersicht, auf der man sich einen blitzschnellen Überblick über eines sehr schnell verschaffen kann – über Veränderungen. Denn häufig sind es nur diese Veränderungen, die einen interessieren sollten und aus der man Verteilungen erkennen kann: Wer macht besonders viel, wer macht wenig in dem recherchierten Gebiet?

Auf ein besonderes Highlight des Tools sei noch hingewiesen: Bestimmte Informationen werden automatisch farblich markiert und sind ein Fingerzeig an den Nutzer, an dieser Stelle bitte nochmals näher hinzusehen. Ruft der Nutzer das System eine Woche später erneut auf, deuten blaue Balken das an, was er bereits gesehen hat, wohingegen orange Balken auf neu Hinzugekommenes hinweisen. Sie sehen: Gesetzt wird stark auf Visualisierung und Komprimierung von Informationen. Um Informationen allerdings in der nötigen Form verdichten zu können, müssen quasi im Hintergrund Unmengen von Dokumentenanalysen stattgefunden haben.

Ein recherchiertes Dokument lesen

Ist man auf einen interessanten Hinweis gestoßen, kann das einzelne Dokument im Detail gelesen werden. Kleine Features erleichtern das Lesen deutlich, indem besonders relevante Suchbegriffe im Dokument ausgewählt und farbig hervorgehoben werden. Auf diese Weise ist es möglich, die Relevanz des Dokuments schneller und besser einzuschätzen. Außerdem gibt es die Möglichkeit, die Ergebnisse zu kommentieren – sehr hilfreich, wenn es darum geht, aus Daten Informationen und schließlich Wissen zu generieren – und auf dieser Basis dann die richtigen Entscheidungen zu treffen.

Resultate kontinuierlich zusammentragen

Auch hier kommt alles auf das perfekte Zusammenspiel zwischen Mitarbeitern und Team an. Jeder einzelne Mitarbeiter kümmert sich um die verantworteten Technologien und spielt die Recherche-Ergebnisse in das aktuelle Technologiebedarfsprofil/die Technologiematrix ein. Aus dem Monitoring ergeben sich nicht nur eine Fülle von Hinweisen zur Technologie-Weiterentwicklung, sondern auch Ideen für neue und interessante Anwendungen wie auch neue Kunden.

Wichtig sind in diesem Zusammenhang Möglichkeiten zum regelmäßigen, kommunikativen Austausch im Rahmen der Regelkommunikation, aber auch informell. Die Foren sind vielfältig. Einmal im Jahr findet eine Klausur statt. In wöchentlichem Turnus treffen sich die Arbeitsgruppenleiter, diverse Arbeitsgruppen, Reading Groups sowie ein Doktorandenkreis. In der Bibliothek und den Sitzecken treffen sich Mitarbeiter täglich (zu einem zwanglosen, informellen Austausch, am Tischkicker sogar mehrmals täglich ...).

Was die Methode gebracht hat

In vielen Unternehmen und Organisationen sieht man sich einer Fülle an extern verfügbaren unstrukturierten Informationen ausgesetzt, die ohne technische Hilfsmittel nicht mehr zu sichten sind und man dadurch Gefahr läuft, wichtige Hinweise aus dem Markt nicht frühzeitig zu erkennen. Es fehlen aktuelle Informationen zur Positionsbestimmung und verfeinerten Planung. Insofern ergänzt das dynamische TechnologieRadar das Technologiemanagement, um neue Chancen zu erkennen, seien es lukrative Anwendungsideen oder Forschungslücken. Die Methode hilft aber auch, unnötige Risiken zu vermeiden, die aus einer hohen Wettbewerbsdichte resultieren oder aus Entwicklungen, die schnell in eine Sackgasse führen.

Eines ist sicher: Durch den dauerhaften Einsatz des TechnologieRadars kann das Fraunhofer IAIS die jeweils besten Technologien für bestimmte Anwendungen in der Industrie identifizieren und umzusetzen. Da jedoch der Wettbewerb über kurz oder lang ähnliche Hilfsmittel einsetzen wird, gilt es, den Zeitvorsprung zu nutzen, um frühzeitiger den sinnvollsten Einsatz zu erproben und aus der Beherrschung der Werkzeuge eigene Wettbewerbsvorteile abzuleiten.

Zweites Etappenziel erreicht

Das zweite Etappenziel ist erreicht. Das TechnologieRadar hat ein Portfolio interessanter neuer Technologien geliefert. Aber welche dieser Technologien sind unter dem Gesichtspunkt der Ressourceneffizienz attraktiv? Wie lassen sich in einer aktuellen Anwendung mehr Nutzen und Ressourceneffizienz-Performance über den gesamten Lebenszyklus erzielen? Welche Ressourceneffizienz-Technologien gibt es für die eigene Anwendung? Welchen Aufwand bedeutet dies für die Technologieentwicklung, und welche Maßnahmen sind lohnend?

Die Wahl des ‚passenden' ressourceneffizienten technologischen Konzepts für eine bestimmte Anwendung bietet Unternehmen die Möglichkeit, kostengünstiger sowie bedarfs- und zukunftsgerecht zu wirtschaften. Dazu müssen die Ressourceneffizienzpotenziale von Technologien identifiziert und bewertet werden. Wie dies gelingt, zeigt die folgende Methode.

Wir kommen zur Ressourceneffizienzanalyse.

Kapitel 4:

„Wie schonen wir die Ressourcen?"
Ressourceneffizienz als Erfolgsfaktor

„Es genügt eben nicht, dass Technik gut funktioniert. Sie muss auch in die Welt passen."
Gero von Randow

Nur eine Büroklammer?

Von Robert Bosch kursiert in Unternehmenskreisen eine Anekdote, die in vielen Varianten immer wieder gerne erzählt wird: Eines Tages, so erzählt man sich, fand Bosch auf einem seiner üblichen Rundgänge durch das Unternehmen eine Büroklammer, die neben dem Arbeitsplatz eines Mitarbeiters auf dem Boden lag. Bosch bückte sich, hob sie auf und zeigte sie dem Mitarbeiter, die Frage stellend: „Was ist das?“ Der Mitarbeiter antwortete zögernd: „Eine Büroklammer, Herr Bosch“! – „Irrtum!“, meinte der Firmeninhaber. „Das ist dem Bosch sein Geld.“ Der Unternehmensgründer war sich nicht zu schade, auch scheinbare Kleinigkeiten ins Kalkül zu ziehen.

Ob wahr oder erfunden – angesichts explodierender Preise für Rohstoffe und Energie hat der vermeintliche schwäbische Sparksamkeitsfimmel eine erstaunliche Aktualität. Denn innerhalb des letzten Jahrzehnts sind, um nur einen Anhaltspunkt zu nennen, die Weltmarktpreise für Nickel und Kupfer um das Drei- bis Vierfache in die Höhe geschossen. Material und Rohstoffe sind im produzierenden Gewerbe mit einem Anteil von durchschnittlich 40 Prozent der größte Kostenblock (Quelle: Destatis). Im Vergleich: Die Personalkosten machen nur etwa 25 Prozent aus. Allein der Preisanstieg in den ersten Monaten des Jahres 2011 erhöht die Rohstoffrechnung in diesem Jahr um rund 10 Milliarden Euro gegenüber dem Vorjahr. Gestiegen sind aber nicht nur die Preise. Gestiegen sind auch die Anforderungen an die Umweltverträglichkeit und Nachhaltigkeit der Produktion. Hier muss sorgfältig differenziert werden. Denn Ressourcen sind ein wichtiger Aspekt beim Thema Nachhaltigkeit. So gab die Bundesregierung noch zu Zeiten der großen Koalition das ehrgeizige Ziel aus, die Rohstoffeffizienz in der deutschen Industrie (bezogen auf das Basisjahr 1994) bis zum Jahr 2020 nicht weniger als zu verdoppeln. Anforderungen kommen neben der Industrie auch vermehrt aus der Gesellschaft und von den Kunden, weil sich Lebensstile wandeln wie nie zuvor.

Tabellenführer sind andere

Die Anforderungen an eine nationale Ressourcenstrategie werden kontrovers und auf verschiedenen Ebenen diskutiert. Zunächst einmal lässt sich konstatieren: Die Bedeutung des Themas wird in Deutschland (noch immer) unterschätzt – und das, obwohl wir selbst wenige natürliche Ressourcen im eigenen Land haben. Deutschland ist, verglichen beispielsweise mit Japan, nur Mittelmaß in der Ressourceneffizienz (Lehmann 2010). Zwar existieren viele Einzelmaßnahmen, es gibt jedoch keine integrierte Handlungsstrategie. Dies ist der Grund, dass das Rohstoffproduktivitätsziel der deutschen Nachhaltigkeitsstrategie voraussichtlich nicht erreicht werden wird. Insofern besteht, überspitzt formuliert, hoher Handlungsdruck bei geringem Problembewusstsein. Die Ziele einer nationalen Ressourcenstrategie lauten: Mit minimalem Rohstoffeinsatz und minimalen Umweltbelastungen die menschlichen Bedürfnisse befriedigen und den Wohlstand – auch in Verantwortung für die künftigen Generationen – sichern.

Der Kampf um Rohstoffe

Der Kampf um Rohstoffressourcen hat sich in der jüngsten Vergangenheit drastisch zugespitzt. Grund hierfür sind nicht nur die Aktivitäten Chinas, das seinen Einflussbereich strategisch ausgebaut hat und Deutschland ins Hintertreffen geraten lassen könnte. Unternehmen stellen sich der Herausforderung knapper werdender Ressourcen und identifizieren permanent intern Geschäftsrisiken und leiten Gegenmaßnahmen ein.

Bei Rohstoffen wie Kupfer oder seltenen Erden hat sich der Preisanstieg drastisch entwickelt. Die Folge: Viele Unternehmen der Elektronikindustrie sind verunsichert, immerhin liegt der Rohstoffanteil in der Elektroindustrie bei etwa einem Drittel des gesamten Materialkostenanteils (Quelle: ZVEI).

Seitdem Spekulanten den Handel mit Rohstoffen als lukrative Einnahmequelle entdeckt haben, hat die Preisentwicklung immer weniger mit der realen Situation zu tun. Das Problem besteht darin, dass sich Preise, die spekulativ in atemberaubende Höhen getrieben werden, nicht ohne weiteres an den Kunden weitergeben lassen. Dies gilt nicht nur für Zulieferer in der Automobilindustrie, die längerfristige Rahmenverträge haben. Steigende Rohstoffpreise haben einen unangenehmen Effekt: Sie schmälern die Margen. Die einzige Möglichkeit, sich der Preisspirale zu entziehen, besteht darin, alternative Materialien zu suchen oder Rohstoffe eben effizienter zu nutzen.

> In Zeiten, in denen Minen in Deutschland der Vergangenheit angehören, könnte bald wieder gegraben werden. Das Stichwort lautet ‚Urban Mining', das längst weggeworfene Rohstoffe wieder zurück in den Wertstoffkreislauf holen soll. Damit könnten in Zukunft auch Mülldeponien zur Goldgrube werden.

Es sind aber nicht nur die Spekulanten. Es gibt auch politische Gründe für den Preisanstieg. Dies zumindest lehrt ein Blick in die USA, denn Experten vermuten, dass der Financial Reform Bill zu einem Quasi-Importstopp von Tantal, Zinn und Wolfram aus der Demokratischen Republik Kongo führen wird. Auf diese Weise sind eine Rohstoffverknappung und Lieferengpässe in den USA bereits vorprogrammiert. Bei anderen Rohstoffen treibt der schier unersättliche Hunger Chinas die Preise. Denn das Land des Drachen ist bei wichtigen mineralischen Rohstoffen unangefochten an der Spitze der Verbraucher. So gehen laut Bundesanstalt für Geowissenschaften und Rohstoffe (BGR) rund 40 Prozent des weltweit abgebauten Aluminiums nach China, 44 Prozent des Bleis, knapp 40 Prozent des Kupfers und 35 Prozent des abgebauten Nickels (Quelle: BGR Hannover).

Den Weg in die Sackgasse vermeiden

„Unsere Wohlstandsgesellschaft, die lange Zeit dem ‚Ex und Hopp' als einer Philosophie des sorglosen Umgangs mit Produkten huldigte, erkennt allmählich, dass solches Wirtschaften in eine Sackgasse führt. Neue Leitbilder haben sich geformt und beginnen sich mit Inhalten zu füllen: Kreislaufwirtschaft, nachhaltige Entwicklung und Produktverantwortung sind die neuen Schlagworte.

Ein intelligenter Umgang mit Produkten heißt Abschied nehmen von Verhaltensmustern, die auf Gedankenlosigkeit und Ignoranz fußen, heißt neue Produkt- und Nutzungskonzepte zu entwerfen. Ein solcher Schritt in Richtung einer ‚Neugestaltung der Wirtschaft' ist nicht frei von Risiken und Zielkonflikten. Nur im Zusammenwirken aller Akteure kann die erforderliche Änderung von Verhaltensmustern gelingen." Diese Zeilen stammen vom Baden-Württembergischen Umweltministerium und stehen in einem Handbuch von Beispielen einer erhöhten Ressourcenproduktivität, erschienen 1995. Obwohl fast 20 Jahre alt, haben sie nichts an Aktualität verloren. Im Gegenteil. Sie machen die Relevanz des Themas nur noch deutlicher. Ehe wir weiter in das Thema einsteigen, wollen wir eine kurze Begriffsklärung vornehmen. Denn viele subsumieren unter ‚Ressourcen' beispielsweise auch Personalressourcen usw. Hier soll es jedoch ausschließlich um die natürlichen Ressourcen gehen (Energie, Material und Wasser).

Ressourcen
„Ressourcen sind Einsatzmittel und Güter, die für die Produktion oder Bereitstellung von Waren und Dienstleistungen benötigt werden. Darunter fallen auch die natürlichen Ressourcen wie Energie, Wasser und Rohstoffe. Je weniger Ressourcen für die Herstellung eines Produktes eingesetzt werden müssen, desto ressourceneffizienter ist seine Erzeugung." (http://www.man.de/MAN/de/CR/Glossary)

Was ist Ressourceneffizienz?

Zunächst einmal ein wenig abstrakt gesagt: „Ressourceneffizienz beschreibt die Effizienz, mit der Energie und Materialien in der Wirtschaft genutzt werden, d.h. den Mehrwert je Einheit Ressourceninput." Effizienz ist definiert als der Quotient aus einer Ausbringungs- zu einer Einsatzmenge. Die Ressourceneffizienz gibt das Verhältnis von Wertschöpfung zur Menge der für die Herstellung, die Benutzung und das Recycling oder die Entsorgung aufzuwendenden Ressourcen (z.B. Energieverbrauch) an. Generell lassen sich daraus zwei Strategien ableiten. Erstens kann der Nenner des Quotienten verkleinert werden: Ein geringerer Ressourceninput vergrößert bei konstantem Produktoutput die Effizienz. Der zweite mächtige Hebel besteht darin, den Zähler zu vergrößern. Das Ziel lautet, aus den Ressourcen, die einmal in ein Produkt investiert wurden, mehr Output herauszuholen. Dazu bieten sich unterschiedliche Vorgehensweisen an. So erhöht eine längere Nutzung eines Produktes die Ressourceneffizienz, da das Produkt über einen

$$\text{Ressourcen-effizienz} = \frac{\sum \text{Produktouput}}{\sum \text{Ressourceninput}}$$

längeren Zeitraum eine Leistung verrichten kann. Wird die Nutzung intensiviert, sind kürzere unproduktive Stillstandszeiten die Folge, was in der Regel ebenfalls effizienzsteigernd wirkt.

Konzept mit Zukunft

Konkrete Ansatzpunkte eröffnen sich sowohl bei Produkten als auch bei Produktionsverfahren dort, wo mengenmäßig oder strategisch bedeutsame Rohstoffe zum Einsatz kommen oder Kunden einen speziellen Bedarf signalisieren. Es macht den Charme des Themas aus, dass sich häufig mit sehr einfachen Mitteln große Kostenreduktionen erzielen lassen. Am größten ist die Wirkung dann, wenn Effizienzmaßnahmen bereits in der Produktentwicklung berücksichtigt werden. Denn genau hier werden die Weichen gestellt, wie hoch die Kosten und der Ressourcenverbrauch während des gesamten Produktlebenszyklus werden. Eine höhere Ressourceneffizienz lässt sich grundsätzlich mit dem Stand der Technik, mit neuen Technologien sowie durch geschickte Kombinationen erreichen. Die größten Potenziale sind jedoch bei neuen, umfassenden technologischen Lösungen zu erzielen.

Die Wahl des ‚passenden' ressourceneffizienten technologischen Konzepts für eine bestimmte Anwendung bietet Unternehmen die Möglichkeit, wirtschaftlicher sowie bedarfs- und zukunftsgerechter zu agieren. Darüber hinaus tragen sie dazu bei, langfristig eine größere Versorgungssicherheit mit zentralen Ressourcen sowie eine höhere Umwelt- und Klimaverträglichkeit zu erzielen.

Effizienz zur Passion machen

Wenn eine Organisation die Attraktivität des Themas erkannt hat, möchte sie in der Regel Informationen darüber, wie es Anwendungen über deren Lebenszyklus hinweg ressourceneffizienter gestalten und Schwachstellen beim Ressourceneinsatz eliminieren kann. Eine befriedigende Antwort auf diese zentrale Frage zu geben ist so einfach gar nicht. Denn es muss sämtliche verfügbaren ressourceneffizienten Technologien für seinen Anwendungsfall und seine Probleme kennen. Weiter gewünscht sind auch Anhaltspunkte, welche Maßnahmen zur Effizienzsteigerung anzuraten sind und welcher Aufwand damit für die Technologieentwicklung verbunden ist. Zu diesem Zweck wurde bei Fraunhofer eine Methode namens Ressourceneffizienzanalyse entwickelt.

Die Ressourceneffizienzanalyse auf einen Blick

Bei der Ressourceneffizienzanalyse handelt es sich um eine softwaregestützte Methode zur Steigerung der Ressourceneffizienz von Produkten und Prozessen. Ziel ist es, systematisch Einsparpotenziale für den Energie- und Materialeinsatz im Unternehmen und dessen Produkten aufzudecken, hierfür ressourceneffizienzsteigernde Lösungen zu identifizieren und diese anschließend hinsichtlich technischer, ökonomischer und ökologischerAspekte zu bewerten.

Bei der Identifikation neuer Technologien zur Verbesserung der Ressourceneffizienz wird neben der Suche im world wide web auch auf Datenbanken im so genannten ‚invisible web' zugegriffen, zu denen der normale Nutzer keinen Zugang besitzt. Die Auswertung der gewonnenen Daten wird durch eine Software unterstützt, die es erlaubt, große Datenmengen teilautomatisiert zu analysieren. Dadurch verbessert sich zum einen die Qualität der Rechercheergebnisse, zum anderen wird die benötigte Zeit zur Auswertung reduziert.

Ein besonderer Schwerpunkt der Methode ist die Integration von Ressourceneffizienz in den frühen Phasen der Produktentwicklung und -weiterentwicklung. Die hierfür identifizierten Handlungsempfehlungen werden speziell auf den einzelnen Anwendungsfall zugeschnitten. Es geht also nicht nur um die Umsetzung von bekannten Good Practice-Beispielen, sondern vor allem um die Implementierung gänzlich neuer technologischer Lösungen.

Die Steigerung der Ressourceneffizienz anhand der hier beschriebenen Methode bietet einem Unternehmen die Möglichkeit, Kosten zu senken, die Innovativität zu steigern, eine langfristige Versorgungssicherheit mit zentralen Ressourcen zu garantieren, sein Image in der Außendarstellung zu verbessern und sich letztendlich dadurch Wettbewerbsvorteile zu verschaffen.

Mit Hilfe der Ressourceneffizienzanalyse lassen sich Einsparpotenziale für konkrete Anwendungsfälle identifizieren und bewerten. Kurz zur Vorgehensweise: Die Methode besteht aus vier Schritten, nämlich 1. Die Aufgabe klären, 2. Probleme beschreiben, 3. Lösungen suchen, 4. Lösungen bewerten und 5. Maßnahmen planen Das Ergebnis ist eine Empfehlung potenzieller Technologien, mit denen die Ressourceneffizienz für den konkreten Anwendungsfall verbessert werden kann. Auf diese Weise gelingt es Unternehmen nicht nur, ihre Produktion auf lange Sicht kostengünstig zu gestalten, sondern auch attraktive und energiesparende Produkte in seinem Portfolio anzubieten. Es lassen sich noch weitere Vorteile aufzählen, beispielsweise die Sicherung der Produktion (wenn seltene Rohstoffe verwendet werden), die Umsetzung einer strategischen Neuausrichtung und damit die Verbesserung des Images des Unternehmens, aber auch die Sensibilisierung im Unternehmen für diese zukünftigen Probleme. Wie der Einsatz der Methode in der Praxis aussieht, soll Ihnen ein konkretes Beispiel zeigen. Vorhang auf.

Nur sicher ist sicher

„Die Definition von Wahnsinn ist, immer wieder das Gleiche zu tun und andere Ergebnisse zu erwarten.“
Albert Einstein

Meisterleistungen

Menschen haben auf der Erde viele Spuren hinterlassen. Zu den Sieben Weltwundern zählen bekanntlich der Artemistempel zu Ephesos, der Koloss von Rhodos, die großen Pyramiden von Gizeh, Zeus von Olympia, das Mausoleum, die hängenden Gärten von Babylon sowie der Pharos, der mit einer Höhe von 120–140 Metern so hoch wie die Pyramiden war. Zu den Wundern jüngeren Datums zählen die Akashi-Kaikyo-Brücke, die längste Hängebrücke der Welt; das Motor Speedway Stadion von Indianapolis (das größte Stadion der Welt) oder auch das NASA Vehicle Assembly Building in Florida. Allesamt mutige Bauwerke, die nicht einfach ‚aus Beton oder Ziegelsteinen' errichtet werden.

Wer schon einmal am Fuße eines Wolkenkratzers gestanden, den Kopf in den Nacken gelegt und an der Fassade hochgesehen hat, wird sicherlich eines gemacht haben: Gestaunt über diese architektonische und ingenieurtechnische Meisterleistung.

Wenn's richtig kritisch wird

Was haben die US-Botschaft in Berlin, das Weiße Haus in Washington D.C., das EU-Rechenzentrum eines Paketdienstleisters in Frankfurt a.M., das Atomkraftwerk Neckarwestheim, das Bundesinnenministerium sowie die Jugendvollzugsanstalt (JVA) in Köln gemeinsam? Richtig. An jedes dieser Gebäude werden höchste Sicherheitsanforderungen gestellt. Und das nicht von ungefähr – schließlich müssen terroristischen Anschlägen, Flugzeugabstürzen oder Naturkatastrophen wie Erdbeben Paroli geboten werden. Die genannten Gebäude werden in der Fachsprache gerne unter dem Oberbegriff ‚kritische Infrastrukturen' subsumiert. Allgemein gesprochen handelt es sich um Institutionen und Einrichtungen mit großer Bedeutung für das staatliche Gemeinwesen, bei deren Ausfall oder Beeinträchtigung nachhaltig wirkende Versorgungsengpässe, erhebliche Störungen der öffentlichen Sicherheit oder andere dramatische Folgen eintreten würden. Zu diesen ‚Schlüssel'-Infrastrukturen werden gezählt:

- Transport und Verkehr,
- Energie: Elektrizität, Öl und Gas
- Gefahrenstoffe: Chemie und Biostoffe, Gefahrguttransporte, Rüstungsindustrie
- Informationstechnik und Telekommunikation
- Finanz-, Geld- und Versicherungswesen
- Versorgung: Gesundheits-, Notfall- und Rettungswesen, Katastrophenschutz, Lebensmittel- und Wasserversorgung, Entsorgung
- Behörden, Verwaltung und Justiz einschließlich Polizei, Zoll und Streitkräfte
- Massenmedien, Großforschungseinrichtungen sowie herausragende oder symbolträchtige Bauwerke.

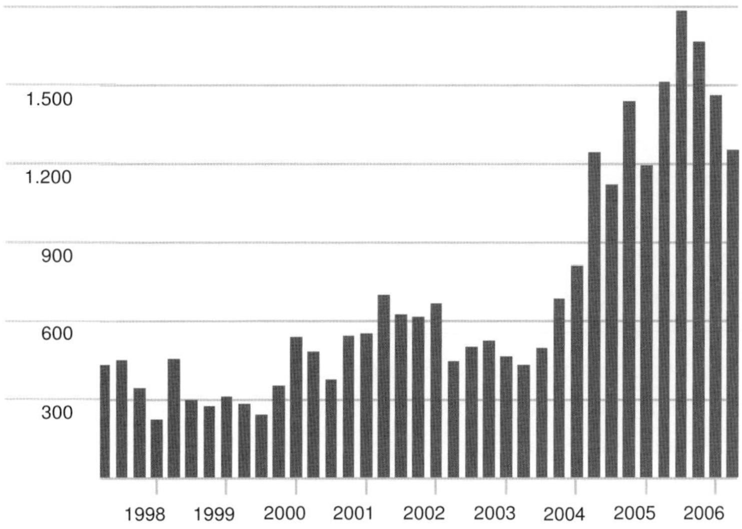

Bild 6: Terroranschläge weltweit (Quelle: Fraunhofer EMI)

Innerhalb der Fraunhofer-Gesellschaft gibt es das Instrument der Innovationscluster. So bündelt das aktuelle Innovationscluster ‚Future Urban Security' Kompetenzen in Baden-Württemberg und darüber hinaus. Das Ziel lautet, den Bedrohungen durch Terrorismus und organisierte Kriminalität begegnen zu können. Forschungsinstitute, Universitäten, Industrie und Behörden entwickeln in diversen Projekten gemeinsam innovative technologische Maßnahmen zum Schutz der Bevölkerung. Gleichzeitig erforschen sie wichtige gesellschaftswissenschaftliche Fragestellungen. Auch im Rahmen der nationalen und europäischen Sicherheitsforschung gibt es eine ganze Reihe von Forschungsprojekten, die sich mit dem Thema beschäftigen.

Unverzichtbare Elemente der Sicherheitsausstattung kritischer Infrastrukturen sind Kontrollen und Überwachungseinrichtungen. Aber da es sich hierbei um rein präventive Maßnahmen handelt, bieten sie im konkreten Ernstfall keinen Schutz – weder für Personen noch für hochsensible Einrichtungen. Anders gelagert ist der Fall beim baulichen Schutz. Denn er führt zu einer systemimmanenten Sicherheit, ist „kalkulierbar und effizient einsetzbar" (Nöldgen 2008, S. 684). Allerdings ergibt sich hier ein Problem. „Die Sicherheitsbetrachtung von Hoch- und Ingenieurbauwerken gegenüber außergewöhnlichen Beanspruchungen beschränkt sich derzeit im Regelfall auf extreme Wind- und Erdbebenbelastungen sowie dynamische Stoßvorgänge bei Fahrzeug- und Schiffsanprall. Die Beurteilung von Terrorgefahren und deren Auswirkungen auf Bauwerke wird oft als abwegiges oder gar physikalisch wie ökonomisch nicht kalkulierbares

Szenario angesehen.“ (ebd.) Dabei ist Fakt: Das Risiko von Terroranschlägen ist heute deutlich größer als noch von zehn Jahren. Auch in den vermeintlich sicheren Industrienationen. Wer dies nicht glaubt, kann sich anhand der *Terror Event Database* des Fraunhofer EMI eines Besseren belehren lassen (siehe Bild 6).

Sicherheitsbasiertes Engineering von Gebäuden

Terroristische Angriffe mit Explosivstoffen oder anderen Gefahrenstoffen (chemisch, biologisch oder radioaktiv) sind zwar von geringer Wahrscheinlichkeit, haben jedoch – einzeln für sich genommen – jeweils katastrophale Auswirkungen. Ein hoher Schutz wird bisher meist über viel Material realisiert: sehr dicke Wände beispielsweise gegen Geschosse bzw. Autoaufprall u.ä. Dies bindet extrem viele Ressourcen beim Baumaterial. Und das ist meist Beton, wobei sich durch einen größeren Materialeinsatz natürlich der Anteil der grauen Energien eines Bauwerks erhöht. Auch Boden bzw. Baufläche zählen zu den Ressourcen. Und die sind vor allem in urbanen Gegenden sehr knapp. Und damit wertvoll. Um Schutz zu gewährleisten, müssen Lösungen und Technologien entwickelt werden, die bauliche Strukturen nicht nur widerstandsfähig, sondern *ressourceneffizient* und widerstandsfähig machen.

Das Problem dabei ist: Ereignisse mit äußerst geringer Eintrittswahrscheinlichkeit und extrem hohem Schadenspotenzial zu analysieren und zu bewerten, ist nicht möglich – weil sie mit klassischen Ansätzen schlicht und ergreifend nicht erfasst werden können. Aber genau diese Szenarien sind es, die für Bauwerke der kritischen Infrastruktur häufig von zentraler Bedeutung sind. Aus diesem Grund werden zum Schutz kritischer Infrastrukturen vor Explosionsereignissen wie terroristischen Anschlägen oder Industrieunfällen innovative Maßnahmen entwickelt. Dabei geht es um robuste, widerstandsfähige und ressourceneffiziente Strukturen, die einen erhöhten Schutz bieten sollen. Denn was in Hollywood-Action-Filmen spektakulär aussieht und in den Kinos bei Popcorn und Cola konsumiert wird, hat im wirklichen Leben häufig fatale Auswirkungen.

Operation Ressourceneffizienz

Wenn Gebäude gebaut werden sollen, die ein erforderliches höheres Schutzlevel erreichen müssen, sind entsprechende Maßnahmen zu treffen. Die Planer stehen dann allerdings schnell vor einer neuen Herausforderung – so auch die der Firma Schüßler-Plan aus dem folgenden Anwendungsbeispiel. Denn einerseits geht es darum, Materialien zu verwenden, die in der Lage sind, extrem viel Energie aufnehmen zu können und so robust zu sein, dass im Falle eines Angriffs bzw. einer Naturkatastrophe kein Schaden durch herumfliegende Trümmer entsteht, die Menschen verletzen. Egal, wie unterschiedlich Sprengstoffattentate auf öffentlichen Verkehrsmittel sein mögen. Eines haben sie gemeinsam: Jedes Mal gefährden Detonationen, Einschläge, herumfliegende

Splitter und unkontrolliert wütendes Feuer das Leben unzähliger Menschen. Andererseits sollen so wenige Ressourcen als irgend möglich verbraucht werden.

Aus dieser Aufgabenstellung ergibt sich der Konflikt, die richtige Balance zwischen ‚viel Masse' auf der einen Seite und Ressourceneffizienz auf der anderen hinzubekommen. Daher lautet die Frage, welche Konstruktionsmöglichkeiten bzw. Materialien es beispielsweise gibt, um Sicherheit auch *ohne* dicke Wände zu garantieren, die viele Ressourcen verschlingen und die außerdem niemand haben will – nicht nur aus ästhetischen, sondern wie oben erwähnt auch aus finanziellen Gründen. Letztgenannte dürfen bei unserem Thema nicht einfach außer Acht gelassen werden. Ressourceneffizient meint nicht ‚hässlich'. Nach wie vor gelten die drei Grundsätze von Vitruv, dem römischen Architekten und Ingenieur. Dessen Architektur-Kompendium ist uns als einziges aus der klassischen Antike überliefert. Darin schreibt er über drei Grundsätze: *firmitas*, *utilitas* und *venustas* – Standfestigkeit, Funktion und Ästhetik ...

> Fenster sind aus Glas, Wände aus Mauerwerk, Beton oder Stahl. Jedes Material hat besondere Eigenschaften, jedes Material eignet sich besonders gut für bestimmte Aufgaben. Wählt man das falsche Material, wird ein Gebäude unsicher oder hat eine kürzere Lebensdauer.

Schüßler Plan: Das Unternehmen auf einen Blick

Name des Unternehmens:	Schüßler-Plan Ingenieurgesellschaft mbH
Gründungsjahr:	1958
Profil:	international tätiges Dienstleistungsunternehmen
Standorte (national):	14
Standorte (international):	3
Gesellschaften:	Berlin, Düsseldorf, Frankfurt/Main, Riga, Ventspils, Warschau
Anzahl Mitarbeiter:	500 Ingenieure, Konstrukteure und Techniker
Leistungsprofil:	Von der Beratung und Planung bis zur Steuerung und Überwachung von Bauwerken in den Leistungsbereichen Ingenieurbau, Hochbau, Verkehrsinfrastruktur, Tunnel, Brücken, Bau- und Projektmanagement sowie Sicherheit von Bauwerken.
Projekte 2008:	Elbebrücken bei Dresden und Wittenberg, Tunnelanlagen der B96 im Bereich des Berliner Regierungsviertels, Citytunnel in Leipzig, Strelasundquerung zur Insel Rügen, ARAG-Tower, Flughafen Düsseldorf International, Rheinbrücke Wesel
Auswahl aktueller Projekte:	Vodafone Europazentrale Düsseldorf, Hyatt Hotel Hafenspitze Düsseldorf, Ausbau Flughafen Frankfurt, Europaviertel Frankfurt, Flughafen Berlin-Brandenburg International (BBI), Neubau der BAB 113 in Berlin/Brandenburg

Die Aufgabe klären: Phase 1

In unserem Anwendungsbeispiel lautete die Ausgangsfrage, welchen Beitrag neue technologische Entwicklungen leisten können, um ‚Gebäude mit höchsten Sicherheitsanforderungen‘ so zu gestalten, dass sie über ihren Lebenszyklus möglichst wenig Ressourcen verbrauchen?

Exakt wissen, worum es gehen soll

Wir haben in vielen Projekten gelernt: Es ist enorm wichtig, im Vorfeld zunächst einmal die Aufgabe und den zu betrachtenden Gegenstand zu klären, ehe man sich an eine Analyse macht. Auf diesen Punkt kann nicht genug hingewiesen werden. Alles andere ist nicht zielführend, leitet schnell auf Nebenschauplätze und führt zu Missverständnissen. Das Team sollte sich von daher als erstes die Frage stellen, um welchen Analysegegenstand es geht. Bewährt hat sich in diesem Zusammenhang, am besten vom Groben zum Feinen vorzuarbeiten: Geht es lediglich um ein konstruktives Konzept oder um ein systemisches Sicherheitskonzept? Geht es um das Material, aus dem die tragenden Bauteile aufgebaut sind, oder um Schutzschichten, die auf die Wände oder Stützen aufgetragen werden?

Systemische Sicherheitskonzepte
Es macht einen Unterschied, ob nach innovativen Materialien gesucht werden soll oder ob man sich über grundsätzliche (systemische) Möglichkeiten Gedanken machen muss, um die Sicherheit zu erhöhen. So verhindern beispielsweise viele Pfosten um ein Haus, dass kein Auto bis zur Wand vordringen kann. Die Folge: die Wand braucht nicht für einen Fahrzeuganprall oder die Belastung einer sehr nah gezündeten Autobombe ausgelegt zu werden.

In diesem Zusammenhang empfiehlt sich auch zu klären, ob der Betrachtungsraum auf ein bestimmtes Anwendungsgebiet eingeschränkt werden muss. Sprechen Sie bei der Analyse über Hoch- oder Tiefbau, über Brücken- oder Wohnungsbau? In unserem konkreten Anwendungsfall geht es um Hochbau. ‚Hochbau‘ ist nicht gleichbedeutend mit ‚Hochhäusern‘, sondern umfasst alles, was sich über der Erde befindet. (Insofern spricht man bereits bei einem 1-stöckigen Gebäude von einem Hochbau).

Geht es um den Schutz von Personen oder Gefahrstoffen? Handelt es sich um bestimmte regionale (urban, ländlich, …) Gebiete, die sich weiter charakterisieren lassen? Antworten auf all diese Fragen liefern die Experten, die in einem Workshop zusammen kamen. Dies waren zum einen zwei Methodenexperten (IAO) sowie Themen-Zuständige aus dem Unternehmen. Eine Festlegung auf bestimmte Abteilungen findet in der Regel nicht statt, in kleinen Firmen ist auch der Geschäftsführer involviert. Wichtig ist, dass nach Möglichkeit Themenexperten integriert sind (sei es beispielsweise für das TechnologieRadar oder Experten in Sachen Sprengstoffe). In der Regel sind auch Unternehmensmitarbeiter bereits sehr tief im Thema verankert. Fachfremde nehmen an den Workshops normalerweise nicht teil.

Unternehmens-, Produkt- und Prozessziele definieren

Die Ziele sichern die grundsätzliche Übereinstimmung der Lösungen mit technischen, ressourcennutzungsbezogenen und ökonomischen Unternehmenszielen und sind der Ausgangspunkt aller weiteren Überlegungen. Um nur einige Beispiele zu nennen:

Mit Blick auf die *technischen* Unternehmensziele mag ein Unternehmen/eine Organisation die Technologieführerschaft im Bereich von Gebäuden mit höchsten Sicherheitsanforderungen anstreben. Hinsichtlich *ressourcennutzungsbezogener* Unternehmensziele könnte es darum gehen, künftig unkritisches Material zu verwenden sowie optimal einzusetzen, d.h. die verwendeten Ressourcen optimal auszunutzen. So gelänge es, sich als umweltfreundliches und zukunftorientiertes Unternehmen zu positionieren und beispielsweise die Abhängigkeit von nicht erneuerbaren Energieträgern zu reduzieren. Und schließlich geht es um handfeste *ökonomische* Unternehmensziele. Hier könnte das Ziel darin bestehen, neue Märkte und neue Kundengruppen (‚Ökos' oder ‚LOHAS') zu erschließen, das Unternehmen als Innovator bzw. Marktführer zu positionieren sowie die Produktionskosten zu reduzieren. Denn auch die kann man nicht einfach aus dem Spiel lassen, alles andere wäre Harakiri.

Auf die Unternehmensziele abgestimmt, gilt es auch die Produktziele anhand derselben drei Dimensionen zu formulieren. Einen gemeinsamen Konsens über die Unternehmens- und Produktziele zu haben, ist wichtig. Denn so ist gewährleistet, dass im Laufe des methodischen Verfahrens die ‚richtigen' Lösungen (eben auch unter dem Aspekt der erhöhten Sicherheit gegenüber potenziellen Gefährdungen) ausgewählt werden.

Probleme beschreiben: Phase 2

Sind Analysegegenstand sowie die Zielstellungen klar definiert, beginnt der Problemlöseprozess mit einer Dekomposition (Schritt 1), bei der das Gesamtsystem in seine einzelnen Teilkomponenten zerlegt wird. Danach schlägt die Stunde der Funktionsanalyse (Schritt 2). Die Experten setzen sich zunächst einmal mit der Frage auseinander, welche Funktionen die einzelnen Komponenten erfüllen müssen. Zunächst etwas abstrakt gesagt: Eine Funktion lässt sich sehr einfach und effizient in zwei Worten beschreiben, nämlich mit einem Haupt- und einem Tätigkeitswort. So soll ein Gebäude ‚Schutz bieten', die Bewehrung den ‚Tragwiderstand erhöhen' und der Beton ‚feuerfest sein'. Eine Wand soll gegen ‚Sprengstoff schützen', Stahlträger sollen ‚Lasten abtragen' – und Wände sollen ‚Schutz bieten'. Um diese Funktionsanalyse nicht ‚händisch' durchführen zu müssen, wurde am Fraunhofer IAO ein Funktionsbaum-Editor entwickelt. In ihm kommen die Vorteile einer Software voll zur Wirkung. Denn die Durchführung geht einfacher und schneller, da man nur die Begriffe eingeben muss und das Layout und die Anordnung usw. bereits vorliegen. Zudem können diese Arbeiten im weiteren Verlauf der Methode automatisiert weiter verwendet werden (so ist beispielsweise eine automatische Suchstring-Generierung mit den Funktionsbegriffen möglich).

Wenn Wände fühlen können

Im Fraunhofer Innovationscluster wurden robuste Werkstoffe und Strukturen entwickelt, die die nötige Schutzwirkung garantieren sollen und gleichzeitig die lokalen Wirkungen von Detonationen erfassen können. Dafür sorgt eine integrierte Sensorik. Die Rede ist von so genannten *robust sensing walls*, auf Deutsch: robusten fühlenden Wänden. Sie können in Echtzeit Informationen über ihren globalen Schädigungsgrad übermitteln. „Das Gebäude ‚weiß' zu jedem Zeitpunkt, in welchem Zustand es sich befindet." (ebd., S. 5) Der Vorteil liegt klar auf der Hand: Die Einsatzkräfte vor Ort haben auf diese Weise ein genaues Bild der Lage und wissen, in welchem Gebäudeteil Gefahren drohen.

Auf die Funktionsanalyse folgt nahtlos eine Anforderungsanalyse (Schritt 3). Sie soll klären, welche Anforderungen an die identifizierten Funktionen gestellt werden. Dies meint, mit welchem Maß die Funktionen erfüllt werden müssen. (Im Optimalfall handelt es sich also um eine Zahl oder eine Einheit.) Ferner ist anzuraten, sich Klarheit darüber zu verschaffen, ob noch weitere systemische Anforderungen erfüllt werden müssen. Schließlich macht es beispielsweise einen Unterschied, welche direkte Nutzung das Gebäude hat bzw. welche Rahmenbedingungen im Umfeld des betrachteten Gebäudes zu finden ist – eine wichtige Fragestellung bei Schulen, Kindergärten, öffentlichen Plätzen mit vielen Personen (z.B. Marktplätze) oder wenig besuchten freien Plätzen.

Beton ist ein Gemisch aus Zement, Gesteinskörnungen (Sand und Kies) und Wasser und ggf. weiteren Zusatzstoffen und einer Stahlbewehrung.

Aber was genau bedeutet es, wenn es heißt, ein Gebäude solle ‚Schutz bieten'? Diese Anforderung muss genau definiert, d.h. in Zahlen und Einheiten ausgedrückt werden. Und genau das fällt unserer Erfahrung nach den Mitarbeitern in Unternehmen in der Regel schwer. Darum einige Beispiele: Gesetzt den Fall, ein Gebäude soll in einem stark Erdbeben gefährdeten Gebiet gebaut werden. So könnte beispielsweise eine Anforderung lauten, dass das Gebäude ‚Schutz gegen Erdbeben der Stärke 6' bieten muss. In Abhängigkeit von den regionalen tektonischen Gegebenheiten sind unterschiedliche Schutzbedarfe notwendig. Dass in diesem Falle andere Sicherheitsvorkehrungen erforderlich sind wie in dem alternativen Fall ‚Schutz gegen Erdbeben der Stärke 2 oder 8 auf der Richterskala‘ liegt auf der Hand. Und wenn Beton ‚feuerfest sein‘ soll, dann könnte die konkrete Anforderung lauten ‚hitzebeständig bis 1.200° C‘.

Hat sich das Team darauf geeinigt, dass die Liste der Komponenten, Funktionen und Anforderungen komplett ist, folgt im nächsten Schritt, sich mit den Problemen und Zielkonflikten zu beschäftigen, die sich aus den geforderten Funktionen und Anforderungen in Bezug auf Ressourcenverbrauch und Sicherheit ergeben. Oder ins Positive gewendet: Mit den Ressourceneffizienzpotenzialen (Schritt 4). Denn Anforderungen sind schnell formuliert, vor allem von Seiten der Kunden. So kann aus der Funktion ‚Schutz bieten‘ beispielsweise die Anforderung resultieren, dass ein Gebäude mindestens 50 Meter hoch sein muss. Aber hieraus ergibt sich dann möglicherweise das Problem, dass die Wandstärke zu groß wird und folgerichtig auch zu schwer. Und Beton, der feuerfest sein soll, versagt schnell bei Hitze. 1.200 Grad kann herkömmlicher Beton nicht wirklich Widerstand leisten. Stellt sich also die Frage: Gibt es alternatives, innovatives, ressourceneffizientes Material, das wir noch nicht kennen, aber kennen sollten?

Security Scraper

Security Scraper ist ein Forschungs-Initiativprojekt der Schüßler-Plan Ingenieursgesellschaft gemeinsam mit dem Fraunhofer EMI und der Universität Kassel. Das Ziel: Ein sicheres Hochhauskonzept gegenüber Flugzeuganprall zu entwickeln. Getestet werden hierbei der Einsatz ultrahochfester Betone als Werkstoff für den baulichen Schutz von Flucht- und Rettungswegen in modernen, sicheren Hochhäusern. Neben der Optimierung des Materialeinsatzes geht es auch um die Anforderung der tragenden Elemente, der Massivität und Brandwiderstandsfähigkeit.

Die Experten machen sich anschließend an die Aufgabe, die aus ihrer Sicht größten Ressourceneffizienzpotenziale zu identifizieren. Schließlich sind sie es, die sich in der Materie am besten auskennen. An dieser Stelle ist dann allerdings häufig Überzeugungsarbeit nötig, sich auf die ‚Favoriten‘ zu konzentrieren, denn nicht alles kann umgesetzt werden. Es geht um die ‚Filetstücke‘, nicht um die Beilage. Aus diesem Grund werden sie gebeten, die Potenziale zu priorisieren und die mit dem größten ‚Hebel‘ zur weiteren Bearbeitung auszuwählen. Eine Reihe wichtiger Instrumente unterstützt das Team bei den nächsten Aufgaben.

Fragen stellen

Um den Potenzialen systematisch auf den Leib zu rücken und auf kreative Lösungsideen zu kommen, hat sich die Arbeit mit der so genannten ‚Ressourceneffizienz-Checkliste‘ sehr bewährt. In ihr werden material- und prozessbezogene Schwachstellen aufgeführt, beispielsweise

- Gibt es Materialien, die besonders zum Ressourcenverbrauch in der Nutzungsphase beitragen?
- Gibt es Materialien, die einen großen ‚ökologischen Rucksack‘ während des Lebenszyklus haben?

Bekannte Lösungsprinzipien sammeln

Mit dem Beantworten der material- und prozessbezogenen Fragen ist die Aufgabenstellung noch nicht erfüllt. Es geht vielmehr darum, weitere kreative Ressourceneffizienz-Lösungsprinzipien zu suchen. Gute Dienste leistet in diesem Zusammenhang die so genannte ‚Checkliste Ressourceneffizienz-Grundprinzipien‘. Sie enthält fünf Grundprinzipien (GP), die quasi universell anwendbar sind, unabhängig von der konkreten Branche und dem konkreten Produkt. Diese Grundprinzipien lauten im einzelnen: Substitution von Ressourcen (GP1), Steigerung der Effizienz (GP2), Minderung von Abfall bzw. Ausschuss (GP3), Verlängerung der Lebensdauer (GP4) sowie Optimierung der Kreislauffähigkeit (GP5). In Kombination mit ‚RE-Standardlösungen‘ gelingt es, überraschend effizient und elegant kreative Ressourceneffizienzpotenziale zu finden.

Lösungen suchen: Phase 3

Im vorangehenden Schritt wurden, wohlgemerkt, Lösungsprinzipien gesammelt. Dabei handelt es sich noch um keine konkreten Lösungen, sondern nur um eine Art ‚Überbegriffe‘. So lautete in unserem Anwendungsfall ein Lösungsprinzip ‚Materialien, die höhere Temperaturen im Brennraum ermöglichen, können den Wirkungsgrad erhöhen‘. Welche konkreten Materialien (= Lösung) dies umsetzen können, muss nun recherchiert werden.

Ausgewählte Suchfelder definieren

Nochmals zur Wiederholung: Die zentrale Frage lautet, welchen Beitrag neue technologische Entwicklungen leisten können, um ‚Gebäude mit höchsten Sicherheitsanforderungen‘ so zu gestalten, dass sie über ihren Lebenszyklus möglichst wenig Ressourcen verbrauchen? Um Antwort auf diese Frage zu bekommen, müssen die ‚Top‘-Suchfelder strukturiert und definiert werden.

IT-gestützte Technologierecherche

Die Leitfragen bei der anschließenden Technologierecherche lauteten „Welche Materialien gibt es?“ „Welche sind in der Entwicklung?“ bzw. „Welche könnten eingesetzt werden?“ Was früher noch ein aufwändiger Vorgang war, wird heute IT-seitig bestens unterstützt. Das Vorgehen in aller Kürze: Ausgehend von den relevanten Suchfeldern werden suchraumtypische ‚Begriffswolken' definiert. Dabei handelt es sich um Wörter, die das Suchfeld umschreiben, beispielsweise Synonyme, Antonyme, Thesauri, aber auch thematisch verwandte Wörter. Noch immer ist es eine Herausforderung, eine hohe Trefferquote sicherzustellen. Sind diese Begriffswolken für den Suchstring erstellt, schließt sich eine automatische Durchsuchung des sichtbaren, aber auch des ‚unsichtbaren' Webs an. Zum unsichtbaren Web zählen wir markt- und technologiespezifische Datenbanken. Es handelt sich um eine via Textmining unterstützte Recherche nach Technologien, Experten und Unternehmen in den jeweiligen Suchfeldern sowie um eine teilautomatisierte Auswertung.

Die Kunst besteht darin, sich im Vorfeld genau zu überlegen, nach welchen Begriffen die in den jeweiligen Suchfeldern gefundenen Dokumente durchsucht werden sollen. Dies können *technisch-fachliche* Begriffe zur Technologie (wie Beton, Bewehrung o.ä.) oder *thematische* Begriffe (wie Markt, Trend, Experten, Unternehmen mit entsprechendem Know-how) sein.

> **Hochleistungsbetone**
> wie DUCON oder UHPC stellen Lösungen für den Bau neuer, sicherer Gebäude dar. Durch das kompaktere Gefüge der Hochleistungsbetone sowie deren Bewehrung mit Mikrostahlfasern oder Mikrostahlmatten können sie Belastungen durch Druckwellen deutlich besser standhalten als im Vergleich zu herkömmlichen Stahlbeton. Insbesondere die Eigenschaften und Potenziale von UHPC und dessen Anwendbarkeit für das Tragwerk und den baulichen Schutz von Gebäuden ist aktuell zentraler Schwerpunkt vieler Forschungsprojekte.

Lösungen bewerten: Phase 4

In dieser vierten Phase findet eine 3-stufige Bewertung der identifizierten technologischen Lösungen anhand der zuvor bereits beschriebenen Kriterien Funktionalität, Ressourceneffizienz sowie Wirtschaftlichkeit statt. Hinsichtlich der Funktionalität werden die identifizierten Lösungen nach deren Leistungsparameter und Kompatibilität bewertet. Hier leistet eine ABC-Analyse wertvolle Dienste. Mit Blick auf die Ressourceneffizienz werden die Lösungen nach deren Ressourcenverbrauch und -bedarf bewertet. Je nach zu investierendem Aufwand kann eine qualitative Bewertung per Fragebogen erfolgen bis hin zu einer Ökobilanzierung. Und was den wirtschaftlichen Aspekt anbelangt, rücken die Lebenszykluskosten und eine erste grobe Kostenabschätzung ins Blickfeld. Hier bietet sich als Instrument die Kostenvergleichsrechnung an.

Maßnahmen planen: Phase 5

Jetzt geht es schlussendlich noch darum, Umsetzungsmöglichkeiten zu definieren. Dazu empfiehlt es sich, das Ergebnis hinsichtlich der Übereinstimmung mit den Zielsetzungen zu kondensieren sowie die passenden Technologien für die Umsetzungsphase auszuwählen. Gleichzeitig werden relevante Experten eingebunden. Die Planung von Maßnahmen ist abhängig von der Relevanz und der Anwendungsreife der neuen Technologie(n).

Was können wir jetzt besser?

In diesem Anwendungsbeispiel konnten wir anhand einer strukturierten Vorgehensweise Schwachstellen und Potenziale bzgl. des Ressourcenverbrauchs aufdecken. Die Suche nach passenden ressourceneffizienten Lösungen gestaltete sich äußerst effektiv, da durch die IT-Unterstützung eine größere Datenmenge in kürzerer Zeit als bei der bisherigen Recherche durchsucht und analysiert werden konnte. Dies führt zu einer Qualitätsverbesserung der Suchergebnisse. Zudem versetzt uns die Ressourceneffizienzanalyse in die Lage, unsere Forschungstechnologien hinsichtlich ihrer Ressourceneffizienz zu bewerten. Dies erweitert unser Angebotsspektrum für unsere Kunden.

Drittes Etappenziel erreicht

Das dritte Etappenziel ist erreicht. Drei bis vier Technologien (mehr sind nicht zu empfehlen), stehen in der engeren Auswahl. Organisationen wollen in diesem Stadium den Entwicklungsstand relevanter Technologien kennen und daraus weitere Schritte bzw. Methoden ableiten. Und sie wollen das Potenzial eines Einstiegs in die Technologieentwicklung kennen und bewerten, inklusive der zugehörigen Eintrittsbarrieren. Aus diesem Grund stellt sich nun die Frage nach dem Reifegrad. Lohnt es sich, jetzt schon in diese neue Technologien zu investieren? Oder besteht die Gefahr, es mit einem viel zu frühen Zeitpunkt und somit mit Technologien zu tun zu haben, die noch mit einem zu großem Risiko behaftet sind? Antworten auf diese Fragen liefert das nächste Instrument: Der TechnologieKompass.

Kapitel 5:

„Wo stehen wir und wie kommen wir weiter?“
Optimale Technologieentwicklung durch Technologievergleich

„Hinter jeder Ecke lauern ein paar Richtungen.“
Stanislaw Jerzy Lec

Volle Peilung

Wanderungen in unbekanntem Gelände sind etwas Spannendes. Allerdings kann man sich auch schnell verlaufen. Manchmal genügt eine Abkürzung querfeldein, und schon steht man orientierungslos im Gelände und weiß weder, wo genau man sich befindet, noch wie man wieder herausfinden soll. Wer jetzt kein GPS-Gerät besitzt, zückt Karte und Kompass (hoffentlich). *Kompass*. Ein Wort aus einer nicht-digitalen Zeit. Fast schon ein Relikt. Fragen Sie doch einmal auf der Straße, was die Passanten über einen Kompass wissen (oder Ihre Kolleginnen und Kollegen). Dann wird man Ihnen mit großer Wahrscheinlichkeit dem Sinn nach antworten: „Hm, das ist so ein rundes Ding mit Glas, und darunter ist ein Pfeil, und der zeigt immer nach Norden." Mit diesen schlichten Worten endet meist das Wissen.

> **Kompass**
> Herkunft: italienisch com-passo = das Um-Schreiten, der Zirkelweg.
>
> Ein Kompass ist ein kleines Gerät. Aber es kann lebensrettend sein, wenn man im Nebel auf dem Wasser ist und das so viel gepriesene GPS-Gerät wegen Strommangel seinen Dienst nicht mehr tun will.

Seefahrer orientierten sich vor der Einführung des Kompasses beispielsweise an Himmelskörpern, Landmarken und an der Tiefe der See mittels Messung mit dem Lot. Ähnlich machen es Unternehmen ohne TechnologieKompass: Sie verlassen sich schlicht und ergreifend auf ihr Bauchgefühl. Das ist nicht ungefährlich, um nicht zu sagen: äußerst riskant. Denn auf diese Weise können Investitionen in die Entwicklung neuer Technologien schnell in den Sand gesetzt sein.

Im Rahmen der Innovationsforschung hatten Wissenschaftler wiederholt die interessante Beobachtung gemacht, dass sich selbst ganz unterschiedliche Technologien häufig (nicht immer!) nach ähnlichen zeitlichen Mustern entwickeln. Ergo folgt daraus, dass es dann doch möglich sein sollte, allgemeine Modelle für die Technologieentwicklung zu erstellen und Technologien per Analogie zu vergleichen.

Nicht nur Organisationen, sondern auch Forschungseinrichtungen sind hochgradig daran interessiert, wie reif eine sie interessierende Technologie ist, welche Zeitverläufe zu erwarten sind bzw. wann der Zeitpunkt, bis sie ohne Risiko anwendungsreif ist, gekommen ist. Die Gretchenfrage lautet: In welchem Entwicklungsstadium befindet sich Technologie X? In der Biologie macht es einen Unterschied, ob es sich bei einem Insekt um das Entwicklungsstadium Raupe oder Puppe oder den fertigen Schmetterling handelt. Ganz ähnlich verhält es sich in unserem Fall. Ist Technologie X noch im Forschungsstadium – oder bereits am Markt erhältlich? Können wir sie, ohne dabei Risiken einzugehen, bereits nutzen? Und falls nicht: Ab wann können wir das vermutlich? Es geht also um den Faktor Zeit. Und um den Vergleich von Technologien. Gute Dienste leisten in diesem Zusammenhang Technologieentwicklungs-Modelle. Das ist die gute Nachricht. Die schlechte: Die Probleme fangen damit erst richtig an.

Allgemeine Modelle: Gut, aber nicht gut genug

Technologieentwicklungs-Modelle sind kein Novum, soviel vorab. Denn es handelt sich um ein Forschungsthema, das seit knapp 100 Jahren intensiv bearbeitet wird. In diesem Zeitraum wurden immer wieder Vorschläge für allgemeine Technologieentwicklungs-Modelle gemacht. Manche liefern erste, wenngleich grobe Ansätze für emergente Technologien/Kerntechnologien. Das bekannteste Technologieentwicklungs-Modell dürfte wohl der Hype Cycle sein, den die Marktforscher von Gartner alljährlich veröffentlichen (siehe Bild 7). Dieses Modell geht grundsätzlich von einem gleichbleibenden Zyklus aus, den neue Technologien durchlaufen.

Der Hype-Cycle stellt dar, welche Phasen der öffentlichen Aufmerksamkeit eine neue Technologie bei deren Einführung durchläuft. Der Begriff des Hype-Cycle wurde von der Gartner-Beraterin Jackie Fenn geprägt (The Microsoft System Software Hype Cycle Strikes Again, 1995) und wird heute von Technologieberatern gerne herangezogen, wenn es darum geht, die Einführung neuer Technologien zu bewerten. Dazu wird in einem Diagramm auf der Y-Achse die Aufmerksamkeit für die neue Technologie abgetragen, auf der X-Achse die Zeit seit deren Bekanntgabe. Die Kurve steigt anfangs explosionsartig an, um dann nach einem Maximum ebenso stark zu fallen. Nach einem Zwischenminimum steigt die Kurve erneut an bis zu einem höheren Niveau der Beharrung.

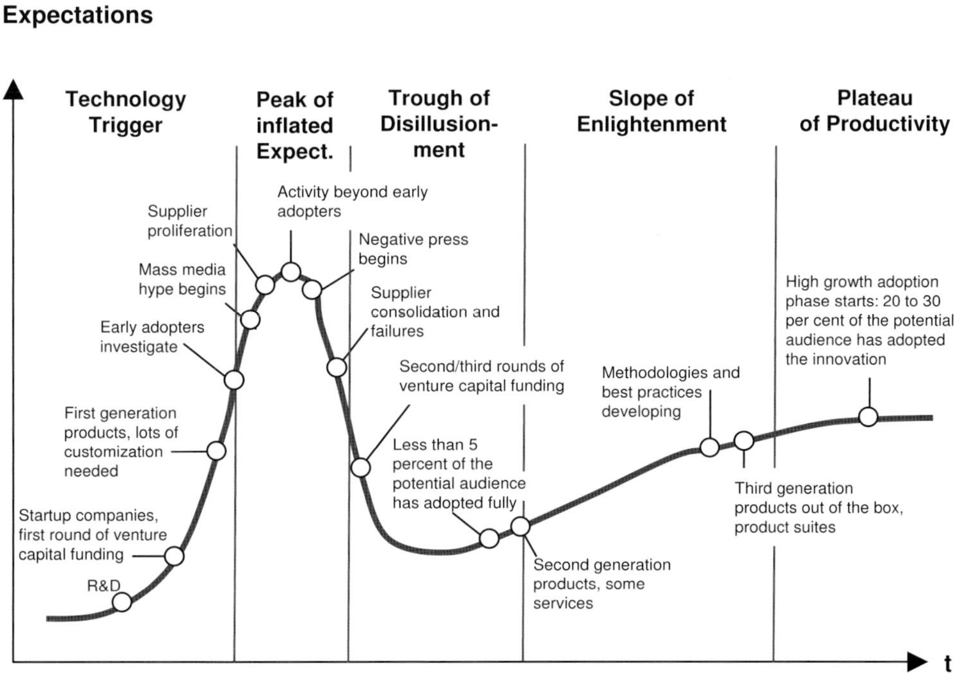

Bild 7: Entwicklungsphasen in Gartners Hype Cycle-Modell

Der Hype-Cycle wird in fünf Phasen unterteilt. Am Anfang stehen der Hype und die gesteigerten Erwartungen, die zunächst in einer Enttäuschung münden. In der nächsten Phase wird langsam erkannt, wo eine Technologie – realistisch betrachtet – einsetzbar ist, so dass sie zunehmend auch eingesetzt wird, bis sie zuletzt zum Standard wird und die Produktivität steigert. Gartner bezeichnet diese Phasen als *Technologischer Auslöser* (Technology Trigger), *Gipfel der überzogenen Erwartungen* (Peak of Inflated Expectations), Tal der Tränen (Trough of Disillusionment), Pfad der Erleuchtung (Slope of Enlightenment) und *Plateau der Produktivität* (Plateau of Productivity).

Berühmtestes Beispiel ist wohl das Internet: Anfangs nicht groß beachtet, später explosionsartig überschätzt (Dotcom-Blase) und seit diesem Zeitpunkt auf einem konstant ansteigenden Weg. Es wird hartnäckig kolportiert, dass die Erfinderin des Hype Cycles, Jackie Fenn, mithilfe dieser Kurve den Dotcom-Crash bereits ein halbes Jahr zuvor habe vorhersagen können. Dies dürfte wohl eher ins Reich der Legende gehören (oder das Resultat eines raffinierten Marketing sein).

Der TechnologieKompass auf einen Blick

Der TechnologieKompass ist ein neuartiges Werkzeug, um strategische Entscheidungen im Bereich Forschung & Entwicklung zu unterstützen. Eine Stärke des Ansatzes und auch sehr realitätsnah ist die kombinierte Betrachtung von Kennzahlen und Indikatoren. Bereits diese Kombination kann zu neuen Einsichten führen oder relevante Fragen anregen.

Der TechnologieKompass unterstützt strategische Entscheidungen, die die Weiterentwicklung einer konkreten Technologie betreffen, durch ein naheliegendes und natürliches Vorgehen: den Vergleich mit einer ‚ähnlichen', bereits ausgereiften Technologie. Das Ziel lautet, die wahrscheinliche Weiterentwicklung zu prognostizieren. Die Diskussion und Interpretation der Vergleichsergebnisse gehört essentiell zur Anwendung der Methode dazu. Denn der Technologie Kompass ist keine Maschinerie, in die man ‚Ungewissheit und Daten hineinsteckt' und ‚Gewissheit herausbekommt'. Der TechnologieKompass soll und will nichts anderes als eine Entscheidungsunterstützung sein.

Er ist daher nicht nur für solch ‚hochgehängte' Fragestellungen wie das Bestimmen der Entwicklungsphase einer Technologie geeignet. Schließlich geht es ja auch eine Nummer kleiner: um konkrete Investitionsentscheidungen in einem vorgegebenen Kontext etwa.

Vielseitiger Orientierungshelfer

Lassen Sie uns einen kurzen Blick auf das methodische Vorgehen werfen. Vereinfacht gesagt, sind vier Schritte zu durchlaufen.

1. Indikatoren für die interessierende Technologie festlegen, Daten beschaffen

„Unterschiedlich ist lediglich die Zeitspanne, die die unterschiedlichen Technologien in den einzelnen Stadien verbringen." (Wort|ge|fecht, das :: Neues aus der schönen neuen Medienwelt | http://www.wortgefecht.net/) Diesen Satz muss man sich auf der Zunge zergehen lassen, weil er symptomatisch für die ‚Rezeptionsgeschichte' des Hype Cylcle-Modells ist. ‚Lediglich die Zeitspanne' – na, wenn es weiter nichts ist. Damit steht und fällt jedoch alles. Denn wenn sich eine Technologie schneller oder langsamer weiterentwickelt, sind genauere Anhaltspunkte nötig als der Blick in die Glaskugel.

Der Ansatz, der beim TechnologieKompass gewählt wurde, ist pragmatisch und verblüffend. Gearbeitet wird mit Indikatoren, zugegeben, einem zunächst einmal reichlich abstrakten Begriff. J. Weber hat den Begriff 1998 so definiert: „Ein Indikator ist eine Messgröße, die einen bestimmten Sachverhalt, der sich wegen seiner Komplexität einer umfassenden Messung entzieht, ausschnittsweise bzw. stellvertretend abbildet." (Bullinger 2008, S. 150). Den Zustand einer Technologie zum Zeitpunkt X vollständig beschreiben zu wollen, ist ein hoffnungsloses Unterfangen. Denn dazu ist die Komplexität schlicht zu groß. Stattdessen verfolgt man den bescheideneren, aber nicht weniger erfolgreichen Weg, den Zustand einer Technologie hinreichend genau zu beschreiben. Genau dazu dienen die Indikatoren. Ein Indikator erfasst einen oder mehrere Aspekte der Entwicklung einer Technologie quantitativ. Auf diese Weise lässt sich zum Beispiel über die Anzahl der Publikationen mit einem bestimmtem Fokus und in einer spezifizierten Gruppe von Journalen (vielleicht) die Aktivität in der Produktvorlaufforschung dieser Technologie erfassen. Auf einem Bein steht es sich allerdings schlecht. Und so ist auch ein einzelner Indikator in der Regel zu wenig, um den Stand der Technologieentwicklung hinreichend sicher beschreiben zu können. Insofern erfordert der Ansatz sogar die Betrachtung mehrerer Indikatoren, da man nicht erwarten kann, dass ein einziger alle Aspekte einer Technologie erfasst. Wie sollte er auch. Genau diese kombinierte Betrachtungsweise ist eine Stärke des Ansatzes und sehr realitätsnah.

Um den Begriff konkret mit Inhalt zu füllen, seien einige Beispiele aus einer breiten Palette von in Frage kommenden Größen herausgegriffen. So kann es sich um die ‚Anzahl der pro Quartal publizierten wissenschaftlichen Artikel im Bereich OLED' handeln, die ‚Anzahl der Publikationen in der Sekundärliteratur' oder die ‚Anzahl anwendungsorientierter Patente' (ein sehr valider Indikator). Wertvolle Indikatoren sind auch die ‚Anzahl von Veranstaltungen' (wie Konferenzen, Seminare, Workshops oder Kongresse) oder die ‚Anzahl von Stellenausschreibungen' in Jobbörsen oder elektronisch verfügbaren Tageszeitungen, wenngleich sie bis dato als Informationsquelle nur wenig Beachtung gefunden haben. Wenn ein ganz Großer wie Apple beispielsweise Spezialisten für OLED einstellt, sind all diejenigen elektrisiert, die sich mit Folienbeschichtung oder Displaytechnik beschäftigen. Das Vorliegen kann also bereits ‚Alarmstufe Rot' bedeuten. So wertvoll Stellenausschreibungen sind, so haben sie doch einen gravierenden Nachteil: Sie sind zwar nicht immer, aber häufig eher vage und lassen sich nicht so ohne weiteres abgrenzen. Hinzukommt, dass sie keine Vergangenheitswerte liefern, weil die Stellenausschreibungen von 2007 zum Thema OLED in der Regel nicht mehr verfügbar sind. Sie regelmäßig zu monitoren macht nur Sinn ab einem gewissen Zeitpunkt X. Und der beginnt meist in der Gegenwart. In diesem Zusammenhang gibt es auch organisatorische Hürden, die nicht verleugnet werden sollten.

Eine manuelle Bestimmung aller Indikatorzeitreihen ist angesichts der Datenmengen nicht wirklich praktikabel, weil schlicht und ergreifend zu zeitaufwändig oder zu komplex. (Das wäre ein schwerer Mühlstein, den sie da umgehängt bekämen.) Daher durchforstet man zur Indikatorwertbestimmung unter anderem mit Hilfe innovativer IuK-Technologien das Web oder relevante Datenbanken. Nehmen wir an, Sie wollen die Werte des Indikators ‚Anzahl anwendungsorientierter Patente' für OLEDs ermitteln. Eine Suche nach Patentschriften zu OLEDs liefert Ihnen mehr Dokumente als Ihnen lieb ist. Um selbst zu entscheiden, welche davon anwendungsorientiert sind, müssten Sie alle Dokumente querlesen. Ein Daten-Strukturierungs-Tool namens ‚Klassifikator' kann diese Arbeit vielleicht nicht ganz so gut wie Sie, dafür aber automatisch durchführen. Zunächst wird dieser Klassifikator wie ein Suchhund anhand einer Menge von anwendungsorientierten und nicht anwendungsorientierten Beispielpatenten auf die Erkennung der beiden Arten trainiert. An die Stelle des Geruchs beim Hund treten Vektoren von Worthäufigkeiten. Nach dem Training kann der Klassifikator – hoffentlich mit hoher Treffsicherheit – Patentschriften automatisch als ‚anwendungsorientiert' erkennen.

> Indikator (lat.-nlt.) der; -s, ...oren 1. Umstand od. Merkmal, das als (beweiskräftiges) Anzeichen od. als Hinweis auf etwas anderes dient...

Als weitaus schwieriger erweist sich in der Praxis die Beantwortung der Frage, wie denn diese Indikatoren zu nutzen sind, damit sie Nutzen stiften. Salopp gesagt: Aus der Information, dass im Jahr 2000 2 Patente, 2001 4, 2003 18 und 2005 35 Patente zu einer bestimmten Technologie angemeldet worden waren, leitet sich ein zeitlicher Verlauf dieses einzelnen Indikators ‚Patente' ab. In ein Diagramm übertragen, erkennen Sie einen schönen Kurvenverlauf, idealerweise bis in die Gegenwart. Um diesen nutzen zu können, wird die Referenztechnologie ins Spiel gebracht.

2. Referenztechnologie und deren Indikatoren festlegen, Daten beschaffen

Bei der Referenztechnologie handelt es sich um eine Technologie, die ihre Geschichte bereits hinter sich hat und die aus fachlicher Sicht eine Ähnlichkeit mit der eigentlich interessierenden Technologie besitzt. Auch die Entwicklung der Referenz muss mittels Indikatoren beschrieben werden. Das müssen und werden in der Regel nicht dieselben wie für die interessierende Technologie sein. Jeder Indikator der letzteren sollte jedoch fachlich einem der Referenztechnologie ähneln.

3. Indikatoren vergleichen

Nun kommt die Mathematik ins Spiel: Indikator für Indikator wird die Zeitspanne in der Entwicklung der Referenztechnologie ermittelt, in der sich der gerade betrachtete Indikator der interessierenden Technologie und der zugehörige Indikator der Referenz verlaufsmäßig am stärksten ähneln. Das ergibt meistens für jeden Indikator ein anderes Ergebnis, aber ‚wenn es gut läuft', streuen die Resultate nicht zu stark, so dass man ein Zeitintervall festlegen kann, in dem alle Indikatoren den zugehörigen Referenzen stark ähneln. Und wenn es ‚nicht gut läuft', ist auch das ein Ergebnis: Die Wahl der Referenz und der Indikatoren sowie die Daten sollten dann noch einmal kritisch geprüft werden. Bleibt es trotz allem bei dem unbefriedigenden Resultat, muss man damit in den nächsten Analyseschritt gehen.

4. Ergebnisse diskutieren und interpretieren,

Egal wie der mathematische Vergleich in Schritt 3 ausfällt: Das Ergebnis muss aus fachlicher Sicht beleuchtet und interpretiert werden. Ein klar abgegrenztes Zeitintervall starker Ähnlichkeit aller Indikatoren liefert einen deutlichen Hinweis, wie sich die interessierende Technologie weiter entwickeln könnte – nämlich ähnlich zu der Referenz nach dem Ende des ermittelten Intervalls. Je mehr Indikatoren beteiligt waren, desto besser ist zunächst diese Prognose. Aber Achtung: Decken die Indikatoren wirklich die wesentlichen Entwicklungsaspekte ab? Hier ist gesunde Skepsis durchaus angesagt! Auch in einem unklaren Analyseergebnis kann eine wichtige Information stecken. Muss man die betrachtete Technologie vielleicht anders betrachten, wegen einer Diversifizierung etwa untergliedern und die Teile separat analysieren?

Um keinen falschen Eindruck zu erwecken: Der Technologiekompass wird noch nicht allen Aspekten der Realität gerecht. Eine enorme Herausforderung sind z.B. im Moment noch unterschiedliche Entwicklungsgeschwindigkeiten. Denn nur weil LEDs 20 Jahre bis zur Reife benötigt haben, ist nicht zwangsläufig gesagt, dass dies für OLEDs ebenfalls so gelten muss. Aus diesem Grunde beschäftigt man sich bei Fraunhofer bereits seit längerem damit, exogene Einflussfaktoren zu neutralisieren. Denn die Entwicklungszeiten verkürzen sich nicht nur aufgrund größerer Entwicklungs- oder Rechnerkapazitäten, sondern auch aufgrund neuer Entwicklungsmethoden. Aus diesem Grunde beziehen wir den Aspekt Beschleunigung in die Rechnungen bereits mit dem Faktor 0,7 ein. Heißt: Was früher zehn Jahre dauerte, dauert jetzt nur noch sieben.

Alles bleibt dynamisch.

Kristalle – Wunderwerkstoffe für die Industrie

„Die Zukunft hat viele Namen:
Für Schwache ist sie das Unerreichbare,
für die Furchtsamen das Unbekannte,
für die Mutigen die Chance“ *Victor Hugo*

Ein wesentliches Anliegen dieses Buches ist allgemeine Verständlichkeit. Das heißt in der Regel, dass nicht an allen Stellen so weit in die inhaltliche Tiefe gebohrt werden kann, wie die Fachexperten dies gerne hätten. Doch keine Regel ohne Ausnahme. Beim nachfolgenden Beispiel ließ sich aus Gründen der Sinnhaftigkeit diese ‚Tiefenbohrung' leider nicht umgehen. Dass der eine oder andere Leser in diese Tiefe nicht mit hinab steigen möchte, mussten wir im Fall des TechnologieKompass ausnahmsweise in Kauf nehmen. (Der an Details interessierte Leser findet im Anhang auf Seite 171 den Text erläuternde Abbildungen.)

Orakel für Technologie-Entwicklungen?

Schon die alten Griechen hätten gerne gewusst, wie die Zukunft aussieht. Aus diesem Grunde befragten sie vor wichtigen Entscheidungen (beispielweise während eines Krieges oder vor der Gründung einer neuen Kolonie) das Orakel von Delphi. Heute geht es den Verantwortlichen in Industrie und Forschungseinrichtungen nicht viel anders. Die Vorhersage technologischer Entwicklungen gilt als schwierig – aber nicht als unmöglich, wie in diesem Anwendungsbeispiel gezeigt werden soll. Ein schönes Beispiel dafür ist der Einsatz von Kristallen in der Industrie.

Künstliche Kristalle: Schlüsselmaterialien für das 21. Jahrhundert

„Kristalle sind aus unserem Leben nicht mehr wegzudenken: In der Natur kommen sie in Form von Mineralien vor. Als Juwelen faszinieren sie seit Jahrhunderten die Menschheit. Neben dieser ästhetischen Funktion kommt den Kristallen aber auch eine wichtige technische und wirtschaftliche Bedeutung zu. Viele umwälzende Neuerungen der vergangenen 50 Jahre wären ohne die Verfügbarkeit von Kristallen mit speziellen Eigenschaften nicht möglich gewesen. Ohne Kristalle gäbe es keine Computer, Handys und schon gar kein Internet. DVD-Spieler, Spielkonsolen, die Displaybeleuchtung im Laptop, die Bildschirme moderner Fernseher und die Scheinwerfer bei Theater- und Konzertbühnen haben alle gemeinsam, dass hier speziell gezüchtete Kristalle zum Einsatz kommen, die diese Anwendungen erst ermöglichen." (www.iisb.fraunhofer.de) Für diese Anwendungen reicht die Reinheit und Perfektion natürlicher Kristalle in der Regel nicht aus. Daher müssen die benötigten Kristalle künstlich im Labor hergestellt werden, man nennt das ‚Kristallzüchtung'.

Kristalle für technische Anwendungen sind wegen ihrer besonderen optischen, elektrischen und magnetischen Eigenschaften interessant. Sie werden durch spezielle Beschichtungstechniken zu Bauelementen verarbeitet, die dann vielfältige Funktionen als Prozessoren, Sensoren und Aktoren ausüben. Die Vielfalt der Anwendungen ergibt sich aus der Vielfalt der Kristallmaterialien, ihren chemischen Verbindungen und ihren unterschiedlichsten Zusammensetzungen und Strukturen. Diese Vielfalt ist einerseits ein Vorteil, andererseits aber auch ein Nachteil, weil für jede der chemisch unterschiedlichen Kristallmaterialien ein eigenes Herstellungsverfahren entwickelt werden muss.

Kristallzüchtung

Die wichtigsten Kristallzüchtungsverfahren basieren auf dem Erstarren einer Schmelze, d.h. auf dem Phasenübergang vom flüssigen in den festen Zustand. Das dabei am häufigsten eingesetzte Verfahren ist das Czochralski-Verfahren. Es ist nach dem polnischen Wissenschaftler Czochralski benannt, der es während seiner Forschungstätigkeiten 1916 in Berlin erfand. Hier wird der Kristall an einer Stange unter Rotation langsam nach oben aus einem Tiegel mit der Schmelze herausgezogen. Bei dem nach dem Nobelpreisträger Bridgman benannten Bridgman-Verfahren sowie der Gradient-Freeze-Methode (auch Tamann-Stöber Methode genannt) wird die Schmelze direkt im Tiegel vom Boden aus bis zum Ende gerichtet erstarrt. Mit den genannten Verfahren werden heute tonnenweise Siliziumkristalle produziert, um daraus entweder Computer-Chips oder Solarzellen herzustellen.

Orientierungshilfe für die Technologiebewertung

Bei der großen Vielfalt der Kristallmaterialien und deren Anwendungsgebiete wäre es gut, wenn man eine Orientierungshilfe hätte – einen ‚TechnologieKompass' sozusagen, mit dem man beurteilen könnte, ob es sich lohnt, in eine Technologie zur Herstellung von einem bestimmten Kristallmaterial einzusteigen bzw. wann wohl der richtige Zeitpunkt dafür gekommen ist. Denn steigt man zu früh ein, ist das Risiko eines Fehlschlags mit hohen Kosten verbunden. Steigt man zu spät ein, wird es erst recht teuer, weil die Konkurrenz inzwischen einen Zeit- und Entwicklungsvorsprung hat.

Glücklicherweise gibt es tatsächlich einen ‚TechnologieKompass'. Man hat herausgefunden, dass sich selbst unterschiedliche Technologien häufig nach vergleichbaren zeitlichen Mustern entwickeln. Wenn sich Methoden finden lassen, diese Muster zu erkennen, können die darin enthaltenen Informationen zur Unterstützung bei strategischen Entscheidungen von Unternehmen, Fördereinrichtungen und Forschungsinstituten herangezogen werden.

Dazu ist einerseits nötig, quantitative Beschreibungen für Technologieentwicklungen aufzustellen und andererseits solche Beschreibungen mit dem Ziel zu vergleichen, den Entwicklungsstatus einer Technologie in bezug auf eine Referenz zu bestimmen. Die quantitative Beschreibung selbst erfolgt mittels so genannter Indikatoren.

Zu den Indikatoren gehören z.B. die Anzahl wissenschaftlicher Publikationen in einem für die jeweilige Technologie relevanten Bereich, die Zahl der Patente, die wesentliche Komponenten einer bestimmten Technologie nutzen. Auch die Analyse von internationalen Konferenzen (Themen, Zugehörigkeit der Präsentatoren zu Instituten bzw. Unternehmen) liefert wichtige Hinweise auf Richtung und Fortschritt bestimmter Technologien. Denkbar ist auch eine Einbeziehung von Fördermitteln, Produktionsmengen bzw. Umsatzzahlen.

Allerdings darf man nicht erwarten, dass die Werteverläufe der einzelnen Indikatoren allgemeinen, technologieunabhängigen Gesetzmäßigkeiten folgen. Man wird aber Klassen von Technologien mit ähnlichem Werteverlaufsverhalten finden.

GaN und sein älterer Bruder GaAs

Was im vorigen Abschnitt noch sehr theoretisch geklungen hat, soll nun in einer praktischen Anwendung erläutert werden.

Galliumnitrid wird nachgesagt, das neue Wundermaterial für die Leistungselektronik und Optoelektronik zu sein. Galliumnitrid ist ein Halbleiter wie beispielsweise das sehr verbreitete Silizium, aus dem Computer-Chips hergestellt werden. GaN gehört wie sein älterer Bruder, das Galliumarsenid (GaAs), zur Klasse der so genannten Verbindungshalbleiter. Diese Verbindungshalbleiter zeichnen sich durch physikalische Eigenschaften aus, die dem Silizium für optische und bestimmte elektrische Anwendungen in den Bereichen Hochfrequenz und Leistungselektronik weit überlegen sind.

GaN
ist ein aktuell sehr gefragtes Kristallmaterial. Die chemische Verbindung Galliumnitrid hat die chemische Formel GaN (Ga = Gallium, N = Stickstoff).

GaAs
steht für Galliumarsenid und ist der ‚ältere Bruder' und gehört zur Klasse der so genannten Verbindungshalbleiter.

So stellt man beispielsweise mit Hilfe von GaAs Leuchtdioden her, die rotes oder infrarotes Licht aussenden, und mit GaN blaue und weiße Leuchtdioden; diese sind die Basis für energiesparende Lichtquellen. Rote Laserdioden aus GaAs finden sich seit zwei Jahrzehnten im CD/DVD-Spieler, blaue Laserdioden aus GaN sind das Schlüsselbauelement für die leistungsfähigeren ‚blue ray'-Spieler und -Brenner, die mit einem blauen Lichtstrahl arbeiten.

Sowohl GaAs als auch GaN spielen für den Mobilfunk eine wichtige Rolle, wenn es darum geht, Informationen effizient zu verstärken und schnell zu übertragen. Tri Band-Handys und moderne Smartphones haben typischerweise ein Dutzend Bauelemente auf der Basis von GaAs unter dem Gehäuse versteckt. In den Basisstationen sollen künftig GaN-Bauelemente die konventionellen Siliziumbauelemente ersetzen, um die Energieverluste zu minimieren. Außerdem besitzt das GaN ein sehr großes Marktpotenzial für verlustarme, hocheffiziente Leistungsbauelemente zum Wandeln von elektrischer Leistung, zum Beispiel in Computernetzteilen, bei der Photovoltaik oder in künftigen Elektrofahrzeugen.

Die Referenztechnologie GaAs

Um GaAs-Bauelemente für die oben genannten Anwendungen herzustellen, werden zunächst hochwertige GaAs-Kristalle aus der Schmelze gezüchtet. Die industrielle Produktion der GaAs-Kristalle erfolgt mit speziellen Varianten der bereits erwähnten Czochralski-, Bridgman- und Vertical Gradient Freeze-Verfahren und gilt als ausgereift. Die so aus der Schmelze hergestellten GaAs-Kristalle werden zu so genannten Wafern vereinzelt. Auf diesen Wafern erfolgt dann die eigentliche Herstellung der GaAs-Bauelemente. Je nach Bauelementtyp erfolgt die Herstellung mittels so genannter Ionenimplantation, um lokal im Wafer die elektrischen Eigenschaften durch Beschuss mit Fremdatomen zu modifizieren, oder es wird eine hauchdünne, kristalline, Gallium- und Arsen-haltige Schicht abgeschieden, deren stöchiometrische Zusammensetzung gegenüber dem reinen GaAs leicht variiert ist, um die gewünschten physikalischen Eigenschaften am Ort des Bauelementes einzustellen. Die Abscheidung der Schichten erfolgt mittels Flüssigphasenepitaxie, Metallorganische Gasphasenabscheidung oder Molekularstrahlepitaxie. Auf diese Weise gelangt man zu den unterschiedlichen Bauelementtypen, zum Beispiel LEDs und Laserdioden für optoelektronische Anwendungen, sowie verschiedenen Transistortypen für elektronische Anwendungen, zum Beispiel Verstärker oder Schalter.

Kristallzüchtungsverfahren

Czochralski
(Liquid Encapsulated Czochralski, LEC)

Bridgman (HB)

Vertical Gradient Freeze (VGF)

Bauelementetechnologien

Flüssigphasenepitaxie (LPE)

Metallorganische Gasphasenabscheidung (MOCVD)

Molekularstrahlepitaxie (MBE)

Entscheidend für die Funktionalität und Zuverlässigkeit der GaAs-Bauelemente ist, dass der Wafer nur wenige Kristallfehler pro Quadratzentimeter aufweist. Liegen mehr als tausend Defekte pro Quadratzentimeter vor, lässt die Leistungsfähigkeit und Lebensdauer der Bauelemente erheblich nach.

Die neue Technologie am Beispiel GaN

Beim GaN können heute die materialspezifischen Vorteile für die vielfältige Anwendungen nur bedingt ausgenutzt werden. Dies liegt daran, dass große GaN-Einkristalle aufgrund ihres schwierigen Herstellverfahrens bis heute nicht in ausreichenden Mengen verfügbar sind. Infolge des hohen Schmelzpunkts, der bei mehr als 2500° C liegt, und wegen des hohen Dampfdrucks am Schmelzpunkt von mehr als 1 00 000 bar kann GaN nicht einfach mit der klassischen Schmelzzüchtung wie zum Beispiel GaAs hergestellt werden. GaN muss deshalb aus der Gasphase oder aus einer Gallium- oder

Stickstoff-haltigen Lösung gezüchtet werden. Diese Verfahren heißen dann Hydrid-Vapor-Phase-Epitaxy, High Pressure Solution Growth, Low Pressure Solution Growth oder Ammonothermal-Methode. Sie sind im Vergleich zur klassischen Schmelzzüchtung sehr viel aufwändiger, langsamer und liefern heute nur Kristalle mit einem Gewicht von einigen hundert Gramm. Die Folge: Der Wunderwerkstoff ist zurzeit noch extrem teuer, nämlich etwa zehnmal teurer als Gold und etwa einhundertmal teurer als sein Bruder, das GaAs.

Hydrid-Vapor-Phase-Epitaxy (HVPE)

High Pressure Solution Growth (HPSG)

Low Pressure Solution Growth (LPSG)

Deshalb bestehen GaN-Bauelemente nach heutigem Stand der Technik aus einer kristallinen Schicht, die auf einem Wafer aus Saphir, Siliziumkarbid oder Silizium mittels der oben erwähnten MOCVD- oder MBE-Techniken abgeschieden wird. Wegen der großen physikalischen und chemischen Unterschiede zwischen Wafer und Schicht entsteht jedoch in der abgeschiedenen Schicht zwangsläufig eine große Zahl von Kristallbaufehlern. Obwohl die Dichte der Kristallbaufehler mehr als eine Milliarde pro Quadratzentimeter beträgt, funktionieren die konventionellen blauen und weißen Leuchtdioden.

Bei extrem hellen Leuchtdioden, bei Laserdioden und den Hocheffizienzbauelementen, wie sie in der Leistungselektronik oder im Mobilfunk benötigt werden, kann die hohe Dichte an Kristallfehlern in der aktiven Schicht die Funktionalität der Bauelemente jedoch erheblich beeinträchtigen. Deshalb ist es notwendig, dass dann für solche Bauelemente arteigene, defektarme GaN-Kristalle verfügbar sind, die zu GaN-Wafern vereinzelt werden, um darauf die aktiven Schichten abzuscheiden.

Aus diesem Grund forschen Wissenschaftler aus Forschung und Industrie weltweit an neuen Technologien, die es ermöglichen sollen, hochwertige GaN-Kristalle kostengünstiger herzustellen. Dies beinhaltet neben der Erforschung des eigentlichen Kristallzüchtungsprozesses auch die Entwicklung von maßgeschneiderten Hilfs- und Betriebsstoffen. Heute unterliegen sie einem starken Verschleiß und tragen erheblich zu den Herstellungskosten bei. Erst wenn es gelingt, die hohen Herstellungskosten insgesamt deutlich zu verringern, ist eine wichtige Voraussetzung geschaffen, das vielversprechende Halbleitermaterial erfolgreich zu kommerzialisieren.

Der Reifegrad interessiert

Die herausragenden Eigenschaften und die vielfältigen Einsatzmöglichkeiten, verbunden mit dem hohen Preis, den man für GaN-Wafer verlangen kann, verlocken geradezu, schnell in dieses Thema einzusteigen, um an diesem ‚Geschäft‘ zu partizipieren. Doch es ist Vorsicht geboten, denn die Kristallzüchtungstechnologie gilt als sehr schwierig, Investitionen erscheinen als ziemlich riskant.

Hier könnte nun der TechnologieKompass eine wertvolle Entscheidungshilfe sein, indem er angibt, in welchem Reifegrad sich die Kristallzüchtung von GaN befindet, wenn dafür eine geeignete Referenz zur Verfügung steht. Mit Referenz ist ein im zeitlichen Verlauf abgeschlossener Entwicklungsvorgang einer artverwandten Technologie gemeint, d.h. eine ausgereifte Kristallzüchtungstechnologie für ein ähnliches Kristallmaterial mit einem ähnlichen Anwendungsspektrum. Als Referenz wurden Halbleiterkristalle aus GaAs (siehe Bild 17 auf Seite 171) gewählt, da es heute nach Silizium das wichtigste Halbleitermaterial ist und wie oben beschrieben ähnliche Einsatzgebiete in der Optoelektronik und im Mobilfunk besitzt wie das GaN. Das GaAs sollte sich daher sehr gut als Referenztechnologie eignen, obwohl gerade die Herstellung der Kristalle – beim GaAs aus der Schmelze, beim GaN aus der Gasphase oder Lösung – unterschiedlich ist.

Ohne Indikatoren geht es nicht

Um den TechnologieKompass für die Bestimmung des Reifegrades der GaN-Technologie anwenden zu können, lautete die erste Aufgabe, eine Familie von Indikatoren zu identifizieren, die den Entwicklungsstand der Kristallzüchtung und Bauelementtechnologie von GaAs und GaN charakterisieren.

Als Indikatoren wurden in erster Linie die Anzahl der wissenschaftlichen Publikationen, gegliedert nach spezifischen Bereichen, gewählt. Denn entsprechende Literaturdatenbanken können vom Arbeitsplatz aus ohne größeren Aufwand mit entsprechenden Suchmaschinen, zum Beispiel Scopus, nach einschlägigen Suchkriterien relativ einfach durchforstet und ausgewertet werden. Zusätzlich wurden auch Patentdatenbanken, die Fördermitteldatenbank des Bundesministeriums für Forschung und Bildung (BMBF) sowie Marktstudien zum Beispiel in Hinblick auf Marktvolumen oder produzierte Mengen als weitere Indikatoren verwendet. Zu jedem dieser Indikatoren wurden die Daten jahresweise erfasst.

Jedoch wurden Patente, Fördermittel und Markstudien nicht für die mathematische Modellbildung im Rahmen des TechnologieKompasses herangezogen. Im Fall der Patente sind im Bereich GaAs-Kristallzüchtung pro Jahr nur etwa fünf bis zehn Patentfamilien relevant, die keine statistischen Aussagen über deren zeitlichen Verlauf zulassen. Außerdem hat die Bedeutung von Patenten in den letzten 20 Jahren deutlich zugenommen, was sich zum Beispiel darin äußert, dass bei der GaN-Kristallzüchtung heute jährlich mindestens zehnmal mehr Patente angemeldet werden, als es beim GaAs vor zehn bis 20 Jahren der Fall war. Die frei zugängliche Fördermitteldatenbank lieferte bei der Recherche nach Fördervorhaben rund um GaAs automatisch eindeutige Ergebnisse. Bei GaN hätten die über 7000 angezeigten Treffer manuell ausgewertet werden müssen, inwieweit sie wirklich Fördervorhaben zu GaN betreffen. Die Marktstudien könnten wertvolle Indikatoren liefern. Im konkreten Fall lagen für GaN nur seit 2006 Daten vor, was zu wenig war, um sie sinnvoll in die mathematische Betrachtung einbeziehen zu können.

Die richtigen Daten beschaffen

Die folgende Betrachtung des Reifegrads der GaN-Technologie im Vergleich zur GaAs-Referenztechnologie stützt sich aus diesem Grunde ausschließlich auf die Anzahl wissenschaftlicher Publikationen. Zu diesem Zweck wurde die Suchmaschine Scopus nach folgenden Indikatoren durchsucht:

- Indikatoren für die GaAs- und GaN-Kristallzüchtung, zum Beispiel Horizontal Bridgman, Liquid Encapsulated Czochralski, Vertical Gradient Freeze, Vertical Bridgman, Hydride Vapor Phase Epitaxy, Solution Growth, Ammonothermal Growth, …
- Indikatoren für die GaAs- und GaN-Bauelementetechnologie Metal Organic Vapor Deposition, Molecular Beam Epitaxy, Liquid Phase Epitaxy, Ionimplantation, …

Zu jedem dieser Indikatoren wurden die Daten jahresweise im Zeitraum 1965 bis 2010 erfasst. Erst einmal wurde überprüft, ob es signifikante Unterschiede im zeitlichen Verlauf im Bereich Kristallzüchtung gibt, wenn man nach Publikationen sucht, die die oben genannten Indikatoren im Titel, in der Zusammenfassung oder in der Liste der Schlüsselwörter enthielten, oder wenn man nur nach den Indikatoren im Titel sucht. Glücklicherweise ist das Ergebnis sehr ähnlich, so dass im Weiteren die wissenschaftlichen Artikel immer nach Indikatoren im Titel, Zusammenfassung und Schlagworten durchforstet wurden. Nachdem dieser Datenschatz zur Verfügung stand, wurden die Daten anschließend einer fachlichen Bewertung unterzogen und in einen zeitlichen Verlauf überführt.

Exemplarisch ist in Bild 17 die Entwicklung der Publikationen zur Kristallzüchtung von GaAs von 1970–2010 dargestellt. Man erkennt, dass die Entwicklung etwa 1980 einsetzt, wobei das Czochralski-Verfahren klar dominiert mit einem Maximum von 180 Publikationen im Jahr 1985. Etwa parallel dazu, aber in weit geringerem Umfang, verlaufen die Publikationen zum horizontalen Bridgman-Verfahren. Ab etwa 1990 werden die beiden bis dahin dominierenden Verfahren (LEC und HB) vom aufkommenden Vertical-Gradient-Freeze-Verfahren abgelöst. Die Ursache liegt darin, dass mit dem VGF-Verfahren bessere Materialeigenschaften, d.h. weniger Kristalldefekte, erreicht werden können und damit z.B. größere Helligkeiten von LEDs erzielbar sind. Es ist bemerkenswert, dass der aus der BMBF-Förderdatenbank ermittelte zeitliche Verlauf der Fördermittel für FuE-Projekte zur GaAs-Kristallzüchtung weitestgehend dem Verlauf der Publikationen ähnelt, aber um 3-5 Jahre später.

Die zeitliche Entwicklung der Publikationen zu den Technologien, mit denen aus den GaAs-Kristallen Bauelemente hergestellt werden, lässt sich wie folgt beschreiben: Die Flüssigphasenepitaxie war die erste Technologie, mit der ab den 1970er Jahren LEDs und Laserdioden produziert wurden. Parallel dazu wurden erste elektronische Bauelemente mittels Ionenimplantation gefertigt. Ab Mitte der 1980er Jahre wurde die damals neu erfundene MOCVD-Technologie und die MBE-Methode zum dominierenden Herstellungsverfahren für Halbleiterkristallschichten und löste die Flüssigphasenepitaxie ab. Die Entwicklung dieser MOCVD- und MBE-Verfahren in den 1980er Jahren war auch gleichzeitig der Anstoß für die Entwicklung des VGF-Kristallzüchtungsverfahrens.

Seit dem Jahr 2000 sind die wissenschaftlichen Publikationen sowohl im Bereich GaAs-Kristallzüchtung als auch im Bereich GaAs-Bauelementtechnologie rückläufig, weil die Weiterentwicklungen bei der Industrie stattfinden, weitgehend ohne publiziert zu werden. Die GaAs-Material- und Technologieentwicklung hat also 15 bis 20 Jahre gedauert, wenn man die wissenschaftlichen Publikationen als ein Maß für den Reifegrad verwendet. Somit kann man für GaAs als von einer insgesamt ausgereiften Technologie sprechen, die sich aber auch heute noch ständig im Bereich Kristallzüchtung und Waferherstellung weiterentwickelt im Hinblick auf neue Anforderungen, die sich bei den Bauelementen ergeben. GaAs sollte sich deshalb gut als Referenz eignen, um den Stand der GaN-Material und Technologieentwicklung zu bewerten.

Wie sieht die Zukunft von GaN aus?

Will man nun den Entwicklungsstand der Kristallzüchtung von GaN angeben und gar dessen zukünftige Entwicklung voraussagen, so muss man den Indikatoren von GaN vergleichbare Indikatoren von GaAs gegenüberstellen und untersuchen. Solche Vergleiche sehen dann typischerweise so aus wie in Bild 18 dargestellt.

Verglichen werden hier die oben genannten Indikatoren aus dem Bereich der Kristallzüchtung. Die Verläufe mögen zunächst für das ungeübte Auge verwirrend erscheinen, sie lassen sich jedoch mit dem TechnologieKompass sehr gut und eindeutig auswerten.

Der TechnologieKompass vergleicht die Zeitverläufe jeweils eines GaN-Indikators und des zugeordneten GaAs-Referenzindikators mithilfe von Verfahren aus der Signalanalyse. Im vorliegenden Fall wurden die aus den Literaturrecherchen erhaltenen zeitlichen Kurvenverläufe zunächst geglättet und interpoliert, um kleine Zufallsschwankungen zu entfernen und eventuell vorhandene Datenlücken zu schließen. Die auf diese Weise etwas ‚gezähmten Verläufe‘ wurden dem Ähnlichkeitsvergleich zugeführt, der in den vorliegenden Fällen zu 90 Prozent nach Form und zu 10 Prozent nach Absolutwerten stattfand. Da diese Festlegung empirisch nach visueller Inspektion der Werteverläufe erfolgte, stellt die Auswertung derartiger Zeitverläufe nach wie vor eine große Herausforderung dar und belegt auch die Schlussfolgerungen mit einer gewissen Unsicherheit.

Indikator Kristallzüchtung

Wenden wir uns zunächst dem Indikator ‚Kristallzüchtung' zu (siehe Bild 18). Der Verlauf für GaAs wurde bereits im Zusammenhang mit Bild 17 erläutert. Erwähnt sei hier, dass typischerweise ein besonderer Effekt die Aktivitäten zur Forschung anregen kann. Beim LEC-Verfahren für GaAs war dies die Entdeckung der semi-isolierenden Eigenschaft, d.h. die Möglichkeit, den Kristall mit einem sehr hohen spezifischen elektrischen Widerstand herzustellen, wie es für Anwendungen im Mobilfunk wichtig ist. Auf diesen semi-isolierenden Wafern wurden die ersten lateralen Bauelemente mittels Ionenimplantation gefertigt. Eine ähnliche Wirkung hatte die Entdeckung, dass man mit dem VGF-Verfahren GaAs-Kristalle züchten konnte, die viel weniger Kristallfehler aufweisen als mit dem LEC-Verfahren hergestellte Kristalle und sich somit besser für die Herstellung von Bauelementen mithilfe der MOCVD- und MBE-Technologie eignen. Dadurch konnten vertikale Bauelementkonzepte realisiert werden, die kleiner, leistungsfähiger und verlustärmer sind und dadurch erst die Einführung des UMTS-Standards in der Datenübertragung ermöglichten.

Beim GaN ergibt sich ein ähnlicher Verlauf in Bezug auf die Veröffentlichungen (siehe Bild 18). Allerdings steigt die Anzahl der Publikationen im Bereich GaN-Kristallzüchtung erst vor etwa 10 bis 15 Jahren stark an. Auslöser für diesen Anstieg der Forschungsaktivitäten war, dass es in den 1990er Jahren gelang, erstmalig GaN-basierte LEDs und Laserdioden auf Fremdsubstraten herzustellen. Vor allen Dingen für die spätere Kommerzialisierung der blauen Laserdiode war die Verfügbarkeit von GaN-Kristallen zwingend und triggerte weltweit die entsprechenden Forschungsanstrengungen an. Die Anzahl der Publikationen pro Jahr ist etwa drei bis viermal umfangreicher als beim GaAs. Dies könnte ein Indiz dafür sein, dass GaN schwerer beherrschbar ist als GaAs. Es fallen mehr Ergebnisse bei der Lösung der materialspezifischen Probleme an, die zu mehr wissenschaftlichen Publikationen führen.

Es scheinen auch bereits die Grundlagen der GaN-Kristallzüchtung so weit entwickelt zu sein, dass die FuE-Aktivitäten, die zu Veröffentlichungen führen, in den letzten zwei bis vier Jahren eher rückläufig sind. Darin spiegelt sich auch die Tatsache wider, dass im gleichen Zeitraum zunehmend GaN-Wafer, wenn auch nur in geringen Mengen, auf dem Weltmarkt verfügbar wurden. Die industriellen Entwicklungen hinsichtlich Hochskalierung, Ausbeuteerhöhung und Kostenreduktion gehen weiter, führen aber nicht zu Publikationen. Dies entspricht der Situation beim GaAs Mitte bis Ende der 1990er Jahre, als die Zahl der Publikationen nach Entwicklung des LEC- und VGF-Verfahrens ebenfalls rückläufig waren.

Bemerkenswert ist, dass in beiden Fällen die Aktivitäten zur Materialentwicklung innerhalb von etwa fünf Jahren stark ansteigen, sich über zehn bis 15 Jahre auf einem hohen wissenschaftlichen Niveau bewegen und dann im Sinne der Anzahl von wissenschaftlichen Publikationen rückläufig werden.

Indikator Ionenimplantation

Die FuE-Aktivitäten auf dem Gebiet der Ionenimplantation (siehe Bild 19) setzen bei GaAs in den 1970er Jahren deswegen ein, weil erst ab diesem Zeitpunkt größere Mengen an Einkristallen verfügbar waren, die sich für die Herstellung elektronischer Bauelemente eignen. Für diese Bauelementeherstellung stellte die Ionenimplantation damals die wichtigste Technik für die laterale Strukturierung dar. Sie wurde etwa zwischen 1985 und 1995 weiterentwickelt. Seit etwa 15 Jahren sinkt die Zahl der Publikationen, da die MOCVD- und MBE-Techniken zunehmend die Ionenimplantation für die Bauelementherstellung abgelöst haben.

Beim GaN ergibt sich im Bereich der Ionenimplantation zunächst ein ähnlicher Anstieg der Publikationstätigkeit wie beim GaAs, ist jedoch nach einer Phase hoher Publikationstätigkeit von nur etwa fünf Jahren bereits deutlich rückläufig. Insgesamt spielt die Ionenimplantation beim GaN bis heute eine sehr viel geringere Rolle als beim GaAs. Dies wird daran deutlich, dass jährlich nur etwa halb so viele Veröffentlichungen bei GaN im Vergleich zu GaAs publiziert werden. Dies hat seine Ursache darin, dass die Entwicklung von GaN durch optoelektronische Bauelemente (LED, Laser) getrieben wurde, die nicht mit Ionenimplantation, sondern vor allen Dingen mit dem MOCVD-Verfahren hergestellt werden. Außerdem lassen materialspezifische Eigenschaften die Ionenimplantation für GaN insgesamt als nicht geeignet erscheinen. Denn die durch den Beschuss mit Ionen in GaN erzeugten Materialschäden können nicht durch eine einfache Temperaturbehandlung ausgeheilt werden, wie es zum Beispiel bei GaAs der Fall und was zwingend ist für funktionierende Bauelemente.

Indikator MOCVD

Beim GaAs begann die MOCVD-Entwicklung in den 1980er Jahren, die Hochphase lag zwischen 1990 und 2000 (siehe Bild 20). Anfänglich wurden die Aktivitäten von der Optoelektronik getrieben, ab Mitte der 1990er Jahre gelang es auch, mit der MOCVD Strukturen zu realisieren, wie sie für elektronische Bauelemente im Mobilfunk benötigt werden. Seit dem Jahr 2000 ist die Anzahl der Publikationen und damit der FuE-Aktivitäten rückläufig.

Die Entwicklung der Bauelementherstellung von GaN mit MOCVD setzt massiv mit der Verfügbarkeit von so genanntem p-typ GaN Anfang der 1990er Jahre ein, was die Grundlage bildete, um überhaupt erst LEDs und Laserdioden herstellen zu können. Innerhalb kürzester Zeit übersteigt die Anzahl der Veröffentlichungen von GaN den Wert von GaAs im Vergleichszeitraum. Diese Aktivitäten blieben für etwa zehn Jahre auf sehr hohem Niveau und fallen seit 2005 ab.

Bei GaN scheint man im Jahr 2010 in Bezug auf das wissenschaftliche Verständnis der MOCVD etwa so weit zu sein, wie man für GaAs im Zeitraum 2000–2005 war. Die in der Zukunft (nach 2010) für das MOCVD-Verfahren von GaN zu erwartenden Weiterentwicklungen betreffen zum einen vor allem Waferdurchmesser, Waferdurchsatz, Schichthomogenität und Fragen der Ausbeute, d.h. der Wirtschaftlichkeit. Diese sind Gegenstand industrieller Entwicklungsprojekte und resultieren nicht mehr in größerem Umfang in wissenschaftliche Veröffentlichungen. Auf der anderen Seite sind seit etwa zehn Jahren zunehmend im stärkeren Umfang die Veröffentlichungen davon geprägt, die MOCVD-Technologie auf den jetzt zur Verfügung stehenden GaN-Wafern voranzubringen. Darüber hinaus wird in immer stärkerem Umfang daran geforscht, GaN mittels dem MOCVD-Verfahren auf billigen, großflächigen Siliziumwafern abzuscheiden. Dies könnte neue Anwendungen für GaN im Bereich der Leistungselektronik erschließen. Im Bereich der LED-Fertigung könnte dies die konventionelle ‚GaN auf Saphir'-Technologie bei größeren Waferdurchmessern ablösen, da die kostengünstige Herstellung von großen Saphirkristallen, die dafür benötigt werden, auch sehr herausfordernd ist. Nach heutigem Stand ist aber noch nicht entschieden, ob GaN-Bauelemente auf billigen Siliziumwafern allen Anforderungen genügen werden oder die Bauelemente für spezielle Anwendungen doch auf arteigenen GaN-Wafern hergestellt werden müssen.

Ist der Blick in die Zukunft tatsächlich möglich?

Die Kernfrage im konkreten, hier vorliegenden Anwendungsbeispiel lautete: Lässt sich die Technologieentwicklung von Galliumnitrid mithilfe des TechnologieKompasses voraussagen, wenn man die Technologieentwicklung von Galliumarsenid als Referenz heranzieht?

Hier benötigt man aussagekräftige Indikatoren. Bei den Indikatoren scheint es zumindest im vorliegenden Fall ausreichend zu sein, nur die Anzahl der Veröffentlichungen in der oben beschriebenen Gliederung als Kriterium zu betrachten. Der Vorteil ist eindeutig, dass solche Daten sehr einfach zu beschaffen und auszuwerten sind. Außerdem ist man in jedem Fall auf das Wissen und die Erfahrung von Experten angewiesen. Denn es wurde ja schon anschaulich dargestellt, wie die zeitliche Entwicklung bei dem Referenzbeispiel GaAs von anderen technologischen Entwicklungen (z.B. bei der Herstellung von Bauelementen) beeinflusst werden kann. Daraus kann man klar den Schluss ziehen, dass die Richtigkeit der Voraussage mithilfe des TechnologieKompasses umso wahrscheinlicher wird, je ähnlicher sich die ‚neue' (hier GaN) und die ‚alte' (hier GaAs) Technologie sind.

Im vorliegenden Szenario scheint diese Ähnlichkeit gut genug für eine brauchbare Voraussage zu sein. Diese lautet: Der Stand der GaN-Kristallzüchtung ist heute, d.h. im Jahr 2011, etwa so, wie sie für GaAs um 1995 war. Dies bedeutet aber auch, dass in den nächsten fünf bis zehn Jahren bei GaN noch eine intensive Material- und Verfahrensentwicklung stattfinden wird, damit GaN-Kristalle so kostengünstig verfügbar werden, dass sie in größeren Umfang in der Bauelementherstellung eingesetzt werden.

Gelingt dies nicht, könnte wie bei dem Verbindungshalbleiter Indiumphosphid (InP), welcher in den 1980er Jahren als Wunderwerkstoff für die optische Datenübertragung galt, der Fall eintreten, dass das vorhergesagte Marktpotenzial nie erreicht wird. Aufgrund materialspezifischer Probleme gelang es nicht, InP-Kristalle kostengünstig zu produzieren. Deshalb haben Bauelementhersteller Konzepte entwickelt, die keine InP-Wafer benötigen. Außerdem führte die Entwicklung auf dem Gebiet der Datenkompression dazu, dass keine so großen Datenmengen mehr transportiert werden müssen und keine Notwendigkeit mehr bestand, InP-Bauelemente in größeren Mengen einzusetzen.

Wem nützt das Ergebnis?

Zum Schluss sollte natürlich auch die wichtigste Frage beantwortet werden, wem ein solches Ergebnis eigentlich nützt. Betrachten wir noch einmal das Endergebnis für den heutigen Stand der Technologie von GaN. Dazu muss man sich nochmals den Verlauf der Technologieentwicklung von GaAs genauer ansehen, dessen Stand im Jahr 1995 nun die Referenz darstellt. Die wissenschaftlichen Aktivitäten zur Kristallzüchtung befinden sich in einer Hochphase, geprägt durch Innovationen eines neuen Verfahrens für GaAs (Vertical Gradient Freeze), haben aber den Höhepunkt und das darauffolgende Abklingen der Aktivitäten, mithin den Reifestand schon vor Augen. Wem nützt diese Erkenntnis?

Für ein Forschungslabor an Hochschulen oder außeruniversitären Instituten, die Grundlagen entwickeln und publizieren wollen, ist ein Neueinstieg in dieser Phase der Technologie zu spät – der Vorsprung der Etablierten ist zu groß.

Für ein Unternehmen, das bereits an der GaN-Kristallzüchtung forscht und künftig produzieren möchte, ist der Zeitpunkt gekommen, in die GaN-Kristallzüchtung zu investieren und Produktionskapazitäten aufzubauen. Voraussetzung ist, dass das Unternehmen seine technologischen Hausaufgaben gemacht hat und die Forschung und Entwicklung im Unternehmen an GaN weit entwickelt ist. Der Vorteil liegt darin, dass keine abrupte Technologieänderung für die nächste Zeit zu erwarten sein dürfte, welche die Investitionen infrage stellt. Es muss jedoch beachtet werden, dass Parallel- bzw. Alternativentwicklungen umso stärker stattfinden werden, wenn die Ziele bei der GaN-Kristallzüchtung in Hinblick auf Kostensenkung und Steigerung der Materialqualität nicht erreicht werden.

Generell könnte man das Anwendungspotenzial des TechnologieKompasses auch so beschreiben: Er ermöglicht es abzuschätzen, wann der richtige Zeitpunkt ist, in eine Technologie einzusteigen. Wobei dieser Zeitpunkt allerdings – und das muss unbedingt betont werden – von den Interessen des Nutzers abhängt. Je näher der Nutzer an der Grundlagenforschung interessiert ist, desto früher muss er einsteigen. Wenn der Nutzer mehr das Endprodukt im Auge hat, muss er einen späteren Zeitpunkt für den Einstieg wählen. Den optimalen Zeitpunkt zu treffen, ist sowohl für Forscher, Geschäftsleute als auch Industriemanager und Fördermittelgeber nicht so einfach und birgt immer ein gewisses Risiko. Der TechnologieKompass kann nur helfen, dieses Risiko zu mindern – eine absolute Sicherheit kann auch er nicht geben. Aber damit ist der Technologie-Kompass noch viel besser als das Orakel von Delphi, das ja bekanntlich mehrdeutige Antworten gab.

Viertes Etappenziel erreicht

Das vierte Etappenziel ist erreicht. Doch ehe das Management sich entscheiden wird, in eine neue Technologie einzusteigen, ist ein Blick auf mögliche Risiken zu werfen: Wie sieht es in der Patentlandschaft aus? Wie ist die patentrechtliche Situation geregelt? Wo sind bereits andere Player in einer spezifischen Technologie verankert? Wo könnte die Gefahr bestehen, Patentverletzungen zu begehen? Auf der anderen Seite gibt es aber auch genügend Chancen, die bis zu diesem Zeitpunkt möglicherweise unentdeckt sind. Denn die Erfahrung zeigt, dass es in jedem technologischen Umfeld Patentlücken gibt. Diese zu identifizieren war bis vor kurzem kein einfaches Unterfangen. Nun jedoch gibt es eine Methode, die genau hier Unterstützung leistet: die White-Spot-Analyse.

Kapitel 6:

„Wie können wir Patentinformationen besser nutzen?“

Den Hintergrund ausleuchten

„Wer nicht erfindet, verschwindet. Wer nicht patentiert, verliert.“
Erich Otto Häußer

Das Patent-Rezept

Schrebergärten der Innovation

Patente sind, salopp gesagt, so etwas wie die Schrebergärten der Innovation. Mit ihnen werden Claims für Innovationen abgesteckt und Wettbewerber in die Schranken gewiesen. Patente bieten nicht nur rechtlichen Schutz vor Imitation. (Andersherum gilt: Kein Patent, kein Schutz!) Patente stellen auch eine nahezu unerschöpfliche technische Informationsquelle dar. Patente liefern Antwort auf die Frage, was bereits erfunden wurde. In der Verbindung mit Marktdaten können zusätzlich Trends früh erkannt und Maßnahmen getroffen werden, um Marktpotenziale zu nutzen. Aufbereitet in so genannten Technologie- oder Patentlandkarten, lassen sich technische Details von Patenten erfassen und anschaulich visualisieren.

Patente lassen sich nicht nur zur ideellen Besitzstandwahrung nutzen. In ihrer Gesamtheit ergeben sie eine Art Landkarte der Ideen und Innovationen und bilden eine hervorragende Quelle für eigene Neu- oder Weiterentwicklungen. Patente beinhalten sowohl technische Lösungen als auch die dazugehörigen Probleme. Aus diesem Grund eignen sie sich besonders dafür, wertvolle Informationen für die lösungs- sowie problemorientierte Ideengenerierung zu liefern.

„Schuster, bleib bei deinen Leisten?"

Um Patentdaten zu analysieren, gibt es in einem Unternehmen verschiedene Anlässe. „Patente werden beispielsweise analysiert, um über die eigenen Entwicklungsmöglichkeiten oder den Wettbewerb in einem Technologiefeld informiert zu sein" (Siwczyk 2010, S. 7). In diesem Fall handelt es sich dann um eine strategische Wettbewerbsanalyse. Patentinformationen werden aber auch im Rahmen von Trendanalysen verwendet. Da Patente außerdem eine „nahezu unerschöpfliche Informationsquelle darstellen" (ebd., S. 7), leisten sie auch in den frühen Phasen der Produktentwicklung gute Dienste, wenn es darum geht, auf neue Ideen zu kommen oder den Rechtsstand zu prüfen, um quasi ‚verletzungsfrei' Produkte zu entwickeln.

Bild 8: Patente – sowohl Informationsquelle als auch Schutzschild

So unterschiedlich die Anlässe, so unterschiedlich fallen auch die Analyseergebnisse aus. Bei der White-Spot-Analyse geht es vor allem darum, die Potenziale von Patentinformationen zu erkennen und ganz gezielt nach Lücken in der Patentlandschaft zu suchen.

Wer an Patentdatenanalyse denkt, denkt vermutlich zuerst an eine quantitative Analyse in Form bibliografischer Daten. Dazu gehören der Titel bzw. Abstract, Anmelder, Erfinder, Anmeldedatum, Name des Unternehmens, Land etc. Neben einer solchen, zugegeben einfachen statistischen Auswertung in einem Patendatensatz lassen sich mehrere Parameter miteinander verknüpfen, um versteckte Zusammenhänge zu erkennen. So lassen sich beispielsweise die Anmelderzahlen noch mit Informationen über die dazugehörigen Länder oder Jahreszahlen verknüpfen.

Viel spannender ist es, Patente qualitativ zu untersuchen. Denn auf diese Weise lassen sich technische Inhalte erfassen und interessante Zusammenhänge herstellen.

Im Frühjahr 2009 führte das Fraunhofer IAO eine Umfrage zur Patentdatenanalyse durch. Die teilnehmenden Unternehmen kamen schwerpunktmäßig aus den Branchen Automotive, Maschinen- und Anlagenbau sowie Zulieferer (ohne Automotive). Die Umfrage sollte Antwort auf die Frage liefern, ob und falls ja: in welchen Phasen des F&E-Prozesses Unternehmen Patentdaten für ihre Produktentwicklung nutzen. Das Ergebnis macht nachdenklich: Die meisten Unternehmen nutzen zwar Patente bereits intensiv, um Ideen zu finden, das Produkt zu konzipieren sowie den Wettbewerb zu analysieren. Für Prognosen allerdings, wie sich Technologiefelder in den nächsten Jahren entwickeln werden, nutzen Unternehmen kaum Patente und „planen dies auch in Zukunft nicht verstärkt zu tun" (Siwczyk 2010, S. 18).

Patente sind eine Goldgrube

‚Der Schatz der Sierra Madre' ist der Titel eines amerikanischen Spielfilms aus dem Jahre 1947. John Huston schrieb das Drehbuch und führte Regie. Der Film gilt als einer der besten Abenteuerfilme aller Zeiten und erhielt vier Oscar-Nominierungen. „Mexiko 1925: Der Amerikaner Freddie Dobbs ist in Tampico gestrandet und hält sich mit Betteln über Wasser. Mit seinem Landsmann Curtin jobbt er als Tagelöhner für den skrupellosen McCormick, der beide um ihren Lohn prellt. In ihrer Unterkunft hören sie mit großer Neugier, wie der alte Goldsucher Howard von seinen besseren Tagen erzählt. Howard begeistert die beiden für eine Expedition zu einer hoch in den Bergen gelegenen Goldader. ... Die Mühe lohnt sich jedoch. Die Mine erweist sich als wahre Goldgrube." (Quelle: tvbutler.at)

Damit sind wir beim Punkt. Auch Patente erweisen sich als wahre Goldgruben für Ideen und neue Produkte. Dazu muss man allerdings, im Bild gesprochen, in die Minen steigen und nach den richtigen Informationen ‚schürfen'. Aber die Tage unter Tage sind hart. Gute Dienste leisten in diesem Zusammenhang Text-Mining-Tools.

85 bis 90 Prozent des weltweit veröffentlichten technischen Wissens ist in Patentdokumenten enthalten. Soweit die gute Nachricht. Doch wer Patente auswerten möchte, stößt anstelle auf ‚weiße Flecken' schnell an seine Kapazitätsgrenzen und gibt entnervt auf. Denn die Patentflut steigt unaufhörlich. Und zwar weltweit. Je mehr die Zahl der Patente zunimmt, desto schwieriger wird es, den Überblick in einem Technologiefeld zu behalten. Die Daten und Informationen wollen jedoch inhaltlich erfasst und analysiert sein, die Spreu muss vom Weizen getrennt werden. Erschwerend kommt hinzu, dass sehr viel fachliche Expertise und Erfahrung im Umgang mit Patenten nötig ist. Um Chancen zu erkennen, müssen Hunderte von Patenten gelesen und analysiert werden, ehe man sich einen umfassenden Überblick zu einem Technologiebereich verschafft hat. Dieser Prozess ist zeitaufwändig und teuer, weil wichtige Mitarbeiter für längere Zeit gebunden sind. Und das enttäuschende Ergebnis ist häufig meist nur ein Wust von Daten. Viele, vor allem kleinere Unternehmen, schrecken vor dieser Art der Analyse zurück. Dabei lassen sich mit geringen finanziellen Mitteln und einer leistungsfähigen Software erstaunliche Resultate erzielen.

59.245
"Der Erfindergeist ist in Deutschland ungebrochen. Dies belegen die Zahlen des Deutschen Patent- und Markenamts (DPMA). Demnach wurden im Jahr 2010 59.245 Erfindungen zum Patent angemeldet. Dies waren 338 Anmeldungen weniger als im Jahr 2009, ein geringer Rückgang um 0,6 Prozent. Am innovativsten sind die Fahrzeug- und Maschinenbau. Auf Platz 1 landete die Robert Bosch GmbH mit 3.477 Patenten, gefolgt von Daimler, Siemens und GM. Auf Platz 5 kommt mit 1.249 Patenten die Schaeffler Technologies GmbH."
(Quelle: Innovationsmanager 06/11, S. 19)

Um die unterschiedlichsten Informationen, die in Patentdaten verborgen sind, möglichst effektiv, zeit- und kostensparend zu nutzen, setzen manche Unternehmen auf spezielle Programme, die auf computerlinguistischen Methoden basieren. Sowohl Text- als auch Data-Mining nutzen statistische und semantische Methoden, wobei sich die Komplexität der Verfahren lediglich nach dem jeweiligen Input unterscheidet (lies: ob es sich um strukturierte oder unstrukturierte Daten handelt). Patentdatenanalysen sind eine attraktive Spielwiese für Softwareanbieter. Derzeit finden sich allerdings überwiegend Softwareanbieter auf dem Markt, die Text-Mining-basierte Lösungen anbieten, um die häufigsten, einfach zusammenhängenden Schlüsselwörter oder Phrasen zu extrahieren und zu analysieren. Sie sind nicht in der Lage, detaillierte Probleme und Lösungen in einem Technologiefeld darzustellen, weil sich technische Details inhaltlich nur begrenzt darstellen lassen. Außerdem müssen die häufigsten Schlüsselwörter oder -phrasen im Dokument nicht zwangsläufig die relevantesten sein mit dem Effekt, dass sie also keineswegs den Inhalt des Patents adäquat widerspiegeln. Hier kommt die Stärke der IT-gestützten White-Spot-Analyse zum Tragen. Deren Ziel ist es nämlich, qualitativ hochwertige Informationen über den technischen

Inhalt der Patente zur Verfügung zu stellen und diese mit weiteren, nicht patentbezogenen Informationen zu verknüpfen.

Patente analysieren ist so einfach nicht

Patente beschreiben relativ detailliert eine technische Erfindung oder Anwendung. Das ist die gute Nachricht. Die schlechte: Auch wenn es sich zunächst nicht weiter schwierig anhören mag – Patente erfolgreich zu analysieren ist so einfach nicht. Denn viele Patentanwälte entfremden die Beschreibung derart, dass man nicht mehr versteht, was in einem Patent genau beschrieben wird.

Beispiel 1: Die Dinge werden so grob als möglich beschrieben. Man spricht dann nicht von einem Automobil, sondern von einem ‚Vehikel'. Oder man spricht von einem ‚Mittel, um Teile zu befestigen' – und meint damit eine Schraube. Beispiel 2: In einigen Fällen findet man nur ungefähre Angaben zur Erfindung, beispielsweise Winkelangaben für Schneidklingen mit einem prozentualen Wertekorridor. Wer auf der Suche nach dem optimalen Winkel für Schneidklingen ist, wird mit solch groben Angaben nur bedingt etwas anfangen können. Das Ziel dieser ‚Verschleierungstaktik' ist klar: Der Patentanmelder möchte den maximalen Schutz für sein Patent bekommen. Diese ungenaue Beschreibung der Erfindung macht es eindeutig schwieriger, den Inhalt von Patenten zu verstehen und die automatisch generierten Informationen in einem nächsten Schritt zu qualifizieren.

Wissen wo, wissen wie

Eine zentrale Frage lautet, welche Rolle die Informationsbeschaffung bei der Technologieentwicklung spielt. Antwort: eine überaus wichtige! Denn die ‚richtige' Information zu finden, wird immer wichtiger, aber auch schwieriger. Wer im Internet recherchiert, benötigt vor allem drei Dinge: das nötige Wissen über Suchmethoden, Zeit und Geduld.

Suchmaschinen vereinfachen zwar das Auffinden von Informationen. Und dort, wo man auf Nummer sicher gehen möchte, verwendet man eine Metasuchmaschine. Aber Suchmaschinen eignen sich nur bedingt als Rechercheinstrument. Suchmaschinen fahren wie Dreschmaschinen durch die Landschaft, und deren Betreiber behaupten, alles zu ernten. Fehlanzeige! Denn Untersuchungen haben gezeigt, dass lediglich 10 Prozent aller im Internet verfügbaren Informationen überhaupt gefunden werden; 90 Prozent bleiben unentdeckt. Sie häufen meistens wertlose Fundstellen auf, meistens einen richtigen Fundstellensalat. Aber Quantität schlägt nicht Qualität. Hinzukommt, dass Suchmaschinen aus den aufgelisteten Fakten keine Schlüsse ziehen können. Suchmaschinen & Co ersetzen nicht die kritische Bewertung der Fakten. Informationen müssen erschlossen, systematisiert und bewertet werden – andernfalls bleiben sie ‚dumm'. Eine wichtige Hilfe in diesem Zusammenhang leisten Text-Mining-Tools. Sie erlauben eine neue Qualität, um auf Daten zuzugreifen. Es geht um schnellere und effektivere Recherchen und Analysen.

Die White-Spot-Analyse auf einen Blick

White-Spot-Analysen weisen nicht nur den Weg zu attraktiven F&E-Feldern. Kombiniert mit den entsprechenden Marktdaten liefern sie auch wertvolle Informationen über das wirtschaftliche Potenzial neuer Technologien sowie einen besseren Überblick über (Konkurrenz-)Technologien und den Markt.

Die Methode nutzt Patentinformationen zur Ideenfindung sowie zur gezielten (Weiter-)Entwicklung bereits vorhandener Ideen. Außerdem zeigt sie weiße Flecken in einer Patentlandkarte, der so genannten Problem-Lösungs-Matrix, auf. Dazu werden Patentdaten mit Hilfe von zeitsparenden Text-Mining-Methoden systematisch auf die enthaltenen technischen Probleme und Lösungen untersucht und analysiert. Auf diese Weise werden unpatentierte Problem-Lösungs-Kombinationen aufgedeckt, die für eigene Produkte bzw. Verfahren genutzt werden können. Ein besonderes Highlight bei deren Erfassung ist, dass nicht nur die häufigsten Begriffe oder kurze Phrasen in den Blick kommen (siehe Beispiel Themescape), sondern zusätzlich zu Detailinformationen über Probleme und Lösungen auch neue Kombinationen und Zusammenhänge erfasst werden können. Ziel ist es, attraktive Lücken in der Patentlandkarte aufzudecken, die ‚weißen Flecken'. Und indem Patentdaten mit betriebswirtschaftlichen Daten kombiniert werden, lassen sich die aufgedeckten weißen Flecken bewerten und priorisieren.

Mit Hilfe der White-Spot-Analyse lassen sich sehr große Mengen technischer Daten auswerten. Die analysierten Daten liefern wertvolle Erkenntnisse für die Entwicklung innovativer Produkte. Kurz gesagt: Mit der White-Spot-Analyse lassen sich Entwicklungspotenziale in Technologiefeldern identifizieren, bestehende technische Lösungen identifizieren und nutzen sowie neue Märkte erschließen.

Die Patentlandkarte: White Spots identifizieren

Landkarten leisten nicht nur beim Radfahren oder Autofahren gute Dienste. Landkarten lassen sich auch im übertragenen Sinne bei der Analyse von Patenten, beispielsweise in Form einer Problem-Lösungs-Matrix, einsetzen. Patentlandkarten visualisieren relevante Patentinformationen auf einen Blick. Dazu werden in der Regel zwei (oder mehr) Parameter miteinander in Beziehung gesetzt und dargestellt. Die Visualisierung kann dabei auf ganz unterschiedliche Weise erfolgen. Zum Einsatz kommen Landkarten mit einfachen Matrix-Darstellungen, aber auch Netz- und Beziehungskarten bis hin zu aufwändigen Darstellungen in 3D. Jeder Typ von Landkarte eignet sich für ein bestimmtes Analyseziel.

Die White-Spot-Analyse, auf die wir im Folgenden gleich eingehen werden, basiert ebenfalls auf einer Landkarte. Auf ihr werden die beschriebenen Probleme den entsprechenden Lösungen gegenübergestellt und über eine Kreuz-Matrix visualisiert. Damit sind wir bei einem interessanten Punkt angelangt. Denn wenn Sie eine Problem-Lösungs-Matrix aufgestellt haben, haben Sie in der Regel zunächst einmal ganz kurze Beschreibungen eines Problems und einer konkreten Lösung.

Der Charme an der Matrix ist, dass die Problem-Lösungs-Kombinationen analytisch erstellt und Zeile für Zeile untereinander notiert werden. Dabei erleben wir immer wieder, dass diese Problem-Lösungs-Kombinationen auf den ersten Blick unspannend oder merkwürdig, manchmal sogar unverständlich sein können, in dem einen oder anderen Falle gar ‚unsinnig' erscheinen. Aber eben nur auf den ersten Blick. Denn nach dem zweiten oder dritten Hinsehen stellen Experten in den Unternehmen schnell fest, dass die eine oder andere Kombination hochinteressant ist. Vor allem dann, wenn Kollegen aus anderen Fachbereichen aus einem anderen Blickwinkel auf das Thema schauen und Vorschläge machen, neue Aspekte mit hinzuzunehmen. Dann sind auf einmal neue Ideen generiert. (Unsinnige Kombinationen fallen bei diesem Schritt heraus.)

Die Guten ins Töpfchen …

Der schwerste Teil der Arbeit kommt nach der Recherche. Denn jetzt müssen die Informationen veredelt und bewertet werden. Nochmals zur Erinnerung: Die White-Spot-Analyse ist eine attraktive Methode, um Patentinhalte schnell zu erfassen und attraktive Lücken in einem Technologiebereich aufzudecken. Allerdings muss nicht jede Lücke eine attraktive Lücke sein. Denn wo kein Markt ist oder im Unternehmen keine Ressourcen vorhanden sind, um diese Lücke zu füllen, sollte auch nicht investiert werden.

Wir wollen uns nun ansehen, wie die White-Spot-Analyse in der Praxis im Rahmen ganz konkreter Fragestellungen angewendet wurde.

Gigantisch kleine Welten

„Unten gibt‘s noch viel Platz.“
Richard Feynmann

Spannung pur im Nanokosmos

Filme, die nichts von ihrer Faszination verlieren, sind rar. ‚Die fantastische Reise' ist so einer. Am 23. Dezember 1966 in die deutschen Kinos gekommen und heute möglicherweise wegen seiner Special-Effects belächelt, gewann der US-amerikanische Science-Fiction-Film 1967 zwei Oscars für künstlerische Dekors und Effekte. Regie führte Richard Fleischer.

Der Plot: Ein Wissenschaftler will 1965 in den Westen überlaufen und wird bei diesem Versuch lebensgefährlich verletzt. In seinem Gehirn bildet sich ein lebensgefährliches Blutgerinnsel. Weil das Gehirn des Forscher einen irreparablen Schaden erleiden würde, scheidet eine herkömmliche Operation aus. Aus diesem Grund startet man in einer riesigen unterirdischen Laboranlage eine kühne medizinische Anwendung. Man will den Thrombus von innen angehen – mit Hilfe eines auf Mikrobengröße verkleinerten Atom-U-Boots samt Besatzung (einer Frau und vier Mann). Leider ist diese Technologie noch nicht ausgereift. Denn nach exakt 60 Minuten nehmen alle Objekte wieder ihre originale Größe an. Insofern handelt es sich bei der Story gewissermaßen um einen Vorläufer des heute so populären „Echtzeit-Formats": Die Uhr tickt, und der Zuschauer bangt mit dem Rettungsteam bei dem dramatischen Versuch, den Mann zu retten. Und die ‚Thrombo-Buster' kämpfen an allen Fronten: Nicht nur, dass sich schon bald nach Eintritt in die Blutbahn Sabotage-Verdächtigungen im Boot breit machen. Schon bald stellen sich der Besatzung die menschlichen Abwehrkräfte in Form weißer Blutkörperchen in den Weg und gefährden den erfolgreichen Ausgang der Operation.

Als der Film in die Kinos kam, war die Mikrochirurgie bei weitem noch nicht auf dem heutigen Stand und die Idee, ein ‚bemanntes Raumschiff' in den menschlichen Körper zu schießen, sicherlich revolutionär. Was die Medizintechnik der nächsten Jahre zu bieten hat, „ist sicher nicht so fotogen wie die auf Blutplättchengröße geschrumpfte Raquel Welch, die einen Thrombus mit der Laserkanone zerstört, steht ihr an Dramatik aber in nichts nach." (Spektrum der Wissenschaft Spezial 2/2001, S. 56)

Die Operation jedenfalls gelang. Nur das U-Boot wurde im Körper zurückgelassen. Was geschah eigentlich damit? Eine Antwort auf diese Frage lieferte Isaac Asimov in seinem Memoirenband: „Als der Film zu Ende war, drehte sich meine Tochter Robyn sofort zu mir um und sagte: ‚Müsste das Schiff jetzt nicht größer werden und den Mann umbringen, Daddy?' – ‚Gewiss, Robyn', erklärte ich, ‚aber das hast du nur erkannt, weil du schlauer bist als der durchschnittliche Hollywood-Produzent. Immerhin bist du ja schon elf.'" (zitiert nach Ronald M. Hahn; Volker Jansen: Lexikon des Science Fiction Films, Heyne, München 1983, S. 394).

Bei den Dreharbeiten machte sich der Regisseur Erkenntnisse der Nanotechnologie zunutze. Zwar wird es wohl nie möglich sein, wie im Film ein U-Boot auf Nanometer-Größe zu schrumpfen. Aber Forscher haben bereits so genannte ‚Gentaxis' entwickelt. Das sind winzige Siliziumteilchen mit einem Durchmesser von weniger als einem

200millionstel Millimeter. Sie sollen Krebs bekämpfen, indem sie an bestimmte Zellen andocken. Um das ‚Andocken' geht es auch in dem folgenden Praxisbeispiel, das uns allerdings in einen völlig anderen Bereich führen und hoffentlich eine Vorstellung liefern wird von der Breite möglicher Anwendungsgebiete.

Vom Bioöl zum Biodiesel

Die effiziente und vollständige Nutzung pflanzlicher Rohstoffe tritt zunehmend an die Stelle der reinen Förderung fossiler Rohstoffe. Zu jenen Pflanzen, die zur Herstellung von Biodiesel als Zumischkomponente für Kraftstoffe genutzt werden, gehört beispielsweise der Raps. Diese Pflanze wird heute bereits in großem Maße angebaut. Rapsöl enthält nicht nur Triglyceride, die für die Biodieselherstellung genutzt werden. Rapsöl enthält, wie andere Pflanzenöle auch, neben den Haupt- auch so genannte Minorkomponenten. Bei letzteren handelt es sich um äußerst geringe Mengen von Wert- oder Störstoffen.

Wertstoffe sind hochreine, bioaktive pflanzliche Substanzen wie beispielsweise Vitamin E. Sie lassen sich häufig nur mit sehr großem Aufwand synthetisch herstellen und wurden bislang mit dem Biodiesel verbrannt, anstatt sie vor der Umwandlung in Biodiesel ‚herauszuholen' und als Wertstoffe (beispielsweise in der Nahrungsmittelindustrie) oder für kosmetische Anwendungen einzusetzen.

Störstoffe hingegen haben negative Auswirkungen und können beispielsweise ein Ausflocken des Biodiesels bewirken oder die Qualität mindern anstatt sie zu erhöhen, was für die Erfüllung der normierten Grenzwerte kontraproduktiv sein kann.

Die einzelnen Bioöle unterscheiden sich also aufgrund ihrer Herkunft in der Zusammensetzung bzgl. Haupt- und Minorkomponenten deutlich voneinander. Dies hat einen wesentlichen Einfluss auf die spätere Nutzungsart und anwendungsabhängige Aufbereitung. Ähnlich verhält es sich bei der Aufbereitung von regenerativen Gasen, die „eine besonders interessante Form der biogenen Energieträger (darstellen), da sie in einer Vielzahl unterschiedlicher Energiekonverter einsetzbar sind. Neben einer konventionellen motorischen Nutzung ist ihre Verwendung auch in innovativen Applikationen wie Brennstoffzellen, Gasmikroturbinen, als Erdgasersatz u.v.a.m. denkbar. Eine direkte Anwendung in Kraftmaschinen ist jedoch oft nicht möglich. Die Gase sind vorab von system- und effizienzschädlichen Minorkomponenten zu reinigen bzw. durch eine Anreicherung erwünschter Gasbestandteile für einen Einsatz in Kraftmaschinen vorzubereiten." (Quelle: Zeidler, Unger: ReGasNet, S. 70).

Vereinfacht gesagt, gibt es im Umwandlungs-/Wertschöpfungsprozess ‚Vom Bioöl zum Biodiesel' zwei Anwendungsszenarien: 1. die Wertstoffe ‚herauszuholen', um sie als *Wertstoffe* einsetzen zu können und 2. *Störstoffe* abtrennen. Um das zweite Anwendungsszenario geht es in dem folgenden Praxisbeispiel.

Störstoffe gezielt herausfischen

Moleküle aus Gemischen abzutrennen ist bei vielen Prozessen in Chemie, Pharmazie und Biologie eine Schlüsselaufgabe. Es geht entweder darum, Stoffe zu gewinnen bzw. aufzureinigen oder störende Begleitstoffe zu entfernen. Es gibt Technologien, um reine Pflanzenstoffe aus Lösungen oder Gemischen zu extrahieren oder zu destillieren. Aber all diese Verfahren haben einen entscheidenden Nachteil: Sie sind häufig zeit-, verfahrens- und kostenintensiv. Außerdem haben sie nicht den kompletten Umwandlungsprozess vom Bioöl zum Biodiesel im Auge.

Nanopartikel
sind kleinste Festkörper, die aus einigen 100 bis mehreren 10.000 Atomen bestehen.

Und hier kommen sie nun endlich ins Spiel – die ‚Little Gigants': Molekular geprägte Polymernanopartikel, auf englisch: *Nanoscopic Molecularly Imprinted Polymers*. Auch wenn die Bezeichnung beim ersten Mal nicht wirklich flüssig über die Lippen kommt, so handelt es sich doch um wirkliche Tausendsassas. Denn diese *NanoMIPS*, wie sie in der Kurzform lauten, wirken als künstliche Rezeptoren und sind als synthetische polymere Adsorber hervorragend geeignet für selektive Aufreinigungs- und Trennprozesse.

Little Giants

Wenn Sie sich in den folgenden Abschnitten an den Chemie- oder Biologieunterricht während Ihrer Schulzeit erinnert fühlen sollten, ist dies sicherlich kein Zufall. Denn um einige Begrifflichkeiten werden wir des Verständnisses halber nicht herumkommen. Dabei wollen wir uns allerdings auf die große Linie konzentrieren, Details werden bewusst ausgespart.

Form ist Funktion

Im Nanokosmos kommt es nicht nur auf die Größe an, sondern auch auf die Form. Und die spielt bei Antikörpern beispielsweise eine überaus wichtige Rolle für die Funktion. Ein Antikörper erkennt sein Antigen, beispielsweise ein fremdes Protein, nämlich an dessen Form, die genau wie ein Schlüssel zum Schloss passt. (Ein Protein ist eine lange Kette von Aminosäuren, auch Eiweiß genannt.) Der Antikörper bindet und markiert auf diese Weise das Antigen. Insofern ist es in Anlehnung an die Formel ‚Form follows function' keineswegs übertrieben zu sagen ‚form *is* function'.

NanoMIPS können als ‚künstliche Antikörper' eingesetzt werden.

Das Schlüssel-Schloss-Prinzip

Die Natur ist uns in Vielem ein Vorbild. Dies gilt auch für molekulare Erkennungsfunktionen. In der Natur werden Informationen durch stofflichen Kontakt übertragen: Hormone docken an spezifische Rezeptoren an und lösen exakte Signale aus.

Nach dem Schlüssel-Schloss-Prinzip erkennen die Nanopartikel Biomoleküle und

Wirkstoffe wie beispielsweise Aminosäuren, Peptide und Proteine, aber auch niedermolekulare Verbindungen oder Störstoffe wie Toxine. Die Moleküle verhalten sich wie Schlüssel und Schloss, wobei sie allerdings aus elastischen Bausteinen bestehen. Räumlich definiert angeordnete chemische Strukturen passen wie Positiv- und Negativabdruck desselben chemischen Musters zusammen.

Nanopartikel sind in der Lage, andere Stoffe aufgrund ihrer einzigartigen molekularen Oberflächenstruktur zu erkennen und an sich zu binden. Ein Templat ist mit dem Zielmolekül identisch. Es hinterlässt während der Polymerisation der Nanopartikel einen Abdruck in den nanoskaligen Kügelchen. In der Natur findet sich dieses Prinzip in einer faszinierenden Anwendungsbreite. Aufgrund der begrenzten Haltbarkeit natürlicher Rezeptoren müssen diese allerdings fortwährend neu produziert werden – bislang ein massives Hindernis für technische Anwendungen.

Makro, Mikro, Nano

Wie groß ist ein Nanometer?

Der Begriff ‚Nano' stammt aus dem Griechischen und heißt ‚Zwerg'. Im wissenschaftlichen Sprachgebrauch steht ‚Nano' für eine Größenordnung einer Einheit. Ein Nanometer (abgekürzt: 1 nm) steht für ein milliardenstel Meter (1/1.000.000.000 m = 10^{-9} m) oder ein Millionstel eines Millimeters.

Auf der Länge eines Nanometers lassen sich ungefähr fünf bis zehn Atome nebeneinander unterbringen (Haben Sie eine Vorstellung von der Größe eines Atoms? Dieser Vergleich ist also nicht wirklich hilfreich.) Dritter Anlauf: Ein Nanometer ist im Verhältnis zu einem Millimeter so groß wie ein Fußball zur Erdkugel. Wow! „Ein Nanometer, abgekürzt nm, ist ein milliardstel Meter. Das ist viel kleiner als noch die kleinsten Zellen, die einige hundert Nanometer groß sind. Und doch zugleich deutlich größer als ein Atom, das etwa ein Zehntel bis einen Nanometer dick ist. Ein Haar hat etwa 50 Mikrometer Durchmesser, das entspricht 50.000 Nanometern, und es wächst in etwa mit einer Geschwindigkeit von einem Nanometer pro Sekunde. (Quelle: http://www.deutsches-museum.de/ausstellungen/neue-technologien/nano-u-biotechnologie/nanokosmos/)

Am Eingang einer Ausstellung im Deutschen Museum, München, können sich die Besucher auf einen etwa 40 cm dicken Granitblock stellen. Je nach Gewicht wird er sich etwa 100 Nanometer durchbiegen. Das entspricht in etwa so viel, wie Ihr Haar in zwei Minuten wächst.

Noch ein paar weitere Größen zum Vergleich: Ein DNA-Strang hat einen Durchmesser von nur 2 nm, die Länge der DNA in einer einzigen menschlichen Zelle beträgt, wenn alle Chromosomen aneinandergereiht werden, 2 m. Ein Virus ist zwischen 20 und 100 nm groß, ein Bakterium etwa 1^{-3} µm.

Molekulares Prägen von NanoMIPS

Molekulares Prägen ist ein biomimetisches Prinzip. Die Biomimetik überträgt gezielt Strukturen aus der Natur auf technische Systeme mit dem Effekt, dass sie für verblüffende Lösungen komplexer Probleme sorgt. Das Geheimnis dieses Forschungsbereichs liegt in seiner Einfachheit: Biomimetik sucht gezielt danach, wie in der Natur ein bestimmtes Problem gelöst wird und überträgt diese Lösung auf die aktuelle Problemstellung.

Die Technologie des molekularen Prägens ist an sich nichts Neues. Neu hingegen ist das Nanopartikel-Format. Zu diesem Zwecke wird eine Polymerisation mit einer Schablone durchgeführt. Dazu ist ein Templat-Molekül notwendig, das als Schablone dient. Stellen Sie sich einen Abdruck auf der Oberfläche des Nanopartikels vor, der darauf gestempelt wird. „Das Prinzip der Polymerisation, aus einzelnen organischen Molekülen große zusammenzufügen, ist auch für die Nanotechnik interessant.“ (Boeing 2004, S. 87). Es kommt nämlich auf die Eigenschaften an, die man den Polymeren mit auf den Weg gibt. (Ein Polymer ist ein langes oder ausgedehntes organisches Molekül, das aus vielen sich wiederholenden Abschnitten besteht). Fügt man speziell designte Nanopartikel hinzu, entstehen ganz neue Funktionen.

Die White-Spot-Analyse im Einsatz

Nochmals zur Wiederholung: Das Ziel der White-Spot-Analyse ist es, aus Patenten Entwicklungs- und Forschungslücken zu identifizieren. Das Vorgehen in aller Kürze:

Auch hier beginnt alles mit einer Patentrecherche. Das Suchobjekt waren polymere Adsorberpartikel/molekular geprägte Nanopartikel und Bioöl. Die Aufgabenstellung lautete, einen Überblick über den aktuellen Patentstand auf dem Gebiet der molekular geprägten Adsorber zu bekommen. Dazu wurde in einem ersten Schritt eine Analyse von knapp 100 englischsprachigen Patenten durchgeführt.

Adsorber
Unter einem Adsorber versteht man einen Stoff, der infolge seiner Oberflächenaktivität gelöste Substanzen und Gase physikalisch an sich bindet (nicht zu verwechseln mit Absorbern).

In einem zweiten Schritt wurden die Patentdaten mit Hilfe von Text-Mining-Tools auf die enthaltenen technischen Probleme und Lösungen untersucht, analysiert und anschließend bewertet.

Die IT-unterstützte, automatisierte Recherche mündete anschließend in eine Patentlandkarte in Form einer komplexen Problem-Lösungsmatrix – komplex deshalb, weil sie viele einzelne Probleme und Lösungen aufzeigte, doch leider nicht wie auf dem Präsentierteller. Hier ist ‚Köpfchen‘ gefragt und in der Regel noch weitere Strukturierungsarbeit zu leisten, beispielsweise indem einzelne Probleme und Lösungen thematisch nochmals gebündelt werden. Bei der Beschäftigung mit den Ergebnissen kommt es immer wieder vor, dass manche Problem-Lösungskombinationen auch bei intensiver Betrachtung nicht plausibel sind. Werfen Sie diese Kombinationen getrost über Bord. Und voilà: Nachdem die Matrix auf diese Weise ‚bereinigt' wurde, traten sechs weiße Stellen auf – Probleme und Lösungen, bei denen es zum damaligen Zeitpunkt bei der hier durchgeführten Patentrecherche noch keine Patente gab.

Auf ein interessantes Phänomen sei an dieser Stelle noch kurz hingewiesen. Es hat sich in mehr als einem Fall gezeigt, dass (interdisziplinäre) Teams mit Hilfe der White-Spot-Analyse bei der Suche nach Adsorberpartikeln auf völlig neue Problem-Lösungs-Kombinationen stießen, die sie auf konventionellem Wege vermutlich nicht oder nur unter vergleichsweise großem Aufwand gefunden hätten.

White Spots analysieren und Potenzial prüfen

Die spannende Frage lautete nun, welche neuen Anwendungsfelder sich für Adsorbermaterialien ergeben haben. Zu diesem Zweck wurden die identifizierten White Spots mittels 13 markt- und 10 institutsbezogener Kriterien auf ihr Potenzial für das Fraunhofer IGB untersucht.

Bei der Analyse tauchte im Zusammenhang mit dem molekularen Prägen immer wieder die Frage auf, ob die kundenseitige Anforderung wirklich lautet, mittels hochspezifischer Adsorber 95 Prozent der Stoffe abzutrennen, oder ob 80 Prozent beispielsweise nicht völlig genügten? Anders gesagt: Was erfüllt den Kundennutzen voll und ganz – und was ist ‚overengineered'? Ausgehend von deutlich weniger hohen Anforderungen würde das Verfahren nicht nur einfacher, sondern auch kostengünstiger – ein wichtiges Argument für Kunden. Verhältnismäßig teuer sind nämlich die bis dato verwendeten Stempel. Dies führte zu Überlegungen, ob – und falls ja – wie Polymermaterial auch ohne oder mit einem vereinfachten Stempel herstellbar sein könnte. Einige interessante Ansätze werden derzeit weiterverfolgt.

White-Spot-Ranking

Die Auswertung in Form eines Portfolios lieferte interessante Impulse und zeigte klar das Potenzial für neue Forschungsziele auf. Durch ein Ranking wurden die identifizierten sechs White Spots gewichtet und zwei White Spots mit dem größten Potenzial genauer betrachtet: Bei White Spot 1 handelt es sich um den Einsatz und die Weiterentwicklung von Adsorbermaterialien für die kontrollierte Freisetzung von Wirkstoffen (Drug Release), bei White Spot 5 um die Entwicklung neuer nanopartikulärer Adsorbermaterialien (siehe Bild 9).

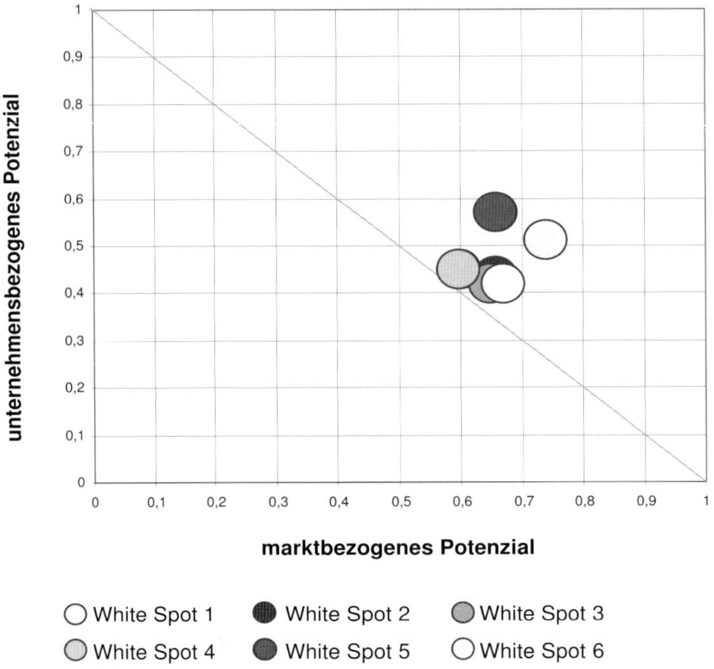

Bild 9: White-Spot-Analyse

Bisher wurden die NanoMIPS als Adsorbermaterial in Prozessen zur Gewinnung von Stoffen oder zur Abtrennung von Störstoffen eingesetzt. White Spot 1 zeigt das Potenzial für die Weiterentwicklung des Adsorbermaterials für innovative Anwendungen in der Medizin auf. Der Kern dieses Gedankens ist die gesteuerte Freisetzung von Wirkstoffen über einen bestimmten Zeitraum. Diese Idee ist nicht neu, und am Fraunhofer IGB werden auch bereits Formulierungskonzepte für die effektive Wirkstofffreigabe von Medikamenten erforscht. Hierbei werden kleinste Teilchen mit den therapeutisch wirksamen Molekülen beladen. Diese Teilchen könnten dann in Zukunft in der Therapie beispielsweise von Multipler Sklerose oder zur Krebsbekämpfung eingesetzt werden. An dieser Stelle kommt nun White Spot 1 zum Tragen. Das Adsorbermaterial könnte so angepasst werden, dass die Wirkstoffe daran haften und sich dann langsam wieder von der Oberfläche lösen.

White Spot 5 bezieht sich auf die kundenoptimierte Weiterentwicklung des Adsorbermaterials (wie es oben bereits erwähnt wurde). Im Vordergrund steht hier der Kundennutzen. Nicht immer müssen nahezu alle Moleküle aus einer Mischung entfernt werden. Zum einen können bei deutlich geringeren Kosten weniger Moleküle entfernt und zum anderen auch mehrere Durchgänge hintereinandergeschalten werden.

Was die Methode gebracht hat

Aufgrund der White-Spot-Analyse sind am Fraunhofer IGB die identifizierten White Spots im ersten Schritt hinsichtlich neuer Impulse für die laufenden Projekte untersucht worden. Im zweiten Schritt werden die identifizierten White Spots nun zur Identifikation vollkommen neuer Anwendungsfelder überprüft. Durch die Auswertung der White Spots können neue Anwendungsfelder für bestehende Technologien wesentlich schneller identifiziert werden. Um eine Ahnung für das Ausmaß der damit erzielbaren Zeitersparnis zu bekommen, könnte man folgenden Vergleich heranziehen: Dort, wo früher zum Auffinden sog. ‚weißer Flecken' in der Patentlandschaft Pflug und Pferd zum Einsatz kamen, steht uns heute für dieselbe Tätigkeit ein zeitsparender Hochleistungspflug zur Verfügung.

Hinsichtlich der direkten Industrieakquise waren die beiden oben erwähnten White Spots 1 und 5 sehr effektiv. So konnte das Interesse neuer Industriekunden hinsichtlich der Adsorberpartikel geweckt werden. Konkrete Angebote sind gestellt. Aufgrund der derzeitigen politischen Lage auf dem Gebiet der Biodieselherstellung ist jedoch eine gewisse Kundenzurückhaltung spürbar. Um so wichtiger ist der hier identifizierte White Spot 5 mit dem darin identifizierten Potenzial der Kosteneinsparung.

Reparieren statt austauschen

„Einer Gasturbine geht es wie uns Menschen: Sie altert, verschleißt, braucht Pflege, irgendwann muss der Doktor kommen.“ *Pictures of the Future 2011*

Bares Geld sparen

‚Peter was here', in überdimensionalen Lettern gesprüht, gehört noch zu der harmlosen Variante von Graffiti-Schmierereien, die täglich an S- und Stadtbahnen zu besichtigen sind. Insbesondere die Deutsche Bahn, aber auch Verkehrsbetriebe führen hier einen Kampf gegen Windmühlen. Das Kostspielige daran sind nicht nur die Mitarbeiter und die Reinigungsmittel, sondern vor allem auch die Ausfallzeiten. Strategien zur präventiven Reinigung und Reparatur von Maschinen und Maschinenteilen sind Gold wert. Zu den Produkten und Gütern mit hohen Investitionskosten und langer Lebensdauer gehören beispielsweise Großmotoren, Schienenfahrzeuge – und Gasturbinen. Bei diesen Gütern erwirtschaften Unternehmen durch den After-Sales-Service einen Großteil ihrer Gewinne. Je besser Großgeräte überprüft und repariert werden, desto länger ist ihre Lebensdauer. Und das spart dem Kunden bares Geld.

Auf das Reparaturverfahren kommt es an

Damit der ‚Doktor' also wunschgemäß erst möglichst spät auf den Plan tritt, ist es ratsam, sich um die Instandhaltung und um die entsprechenden Reparaturverfahren zu kümmern. Denn ohne Letztere müssten Turbinenschaufeln bei jeder Generalüberholung, die nach etwa 15.000 bis 25.000 Betriebsstunden ansteht, ersetzt werden. Aber: Bei jedem Reparaturverfahren muss darauf geachtet werden, dass es keinen nachteiligen Einfluss auf das Gefüge des Grundwerkstoffes hat. Denn dies „ist eine unabdingbare Voraussetzung für die weitere einwandfreie Laufleistung der Turbinenschaufeln" (Hendriks 2006, S. 16).

Bei vielen Herstellern werden Industriegasturbinen nach Qualitätskriterien instandgehalten und repariert, die mit denen der Luftfahrt vergleichbar sind. Hier gelten Maßstäbe, die zu den höchsten überhaupt gehören. Voraussetzung sind effiziente Abläufe und hochentwickelte Verfahren für einen schnellen Durchlauf, von der Demontage über die Teileprüfung und -reparatur bis hin zum Wiederaufbau und abschließenden Test. Das Ziel lautet, einen reibungslosen und zügigen MRO-Durchlauf der Industriegasturbinen zu gewährleisten. (Das Kürzel steht für Maintenance, Repair and Overhaul = Wartung, Reparatur und Überholung.) Denn nur so kann die Turbine schnellstmöglich zurück in den Einsatz.

Im Rahmen langfristiger Verträge übernehmen die Hersteller bei Bedarf auch das gesamte Instandhaltungsmanagement. Das Spektrum reicht vom Ausbau der Gasturbine bis zur erneuten Inbetriebnahme, von Reparaturen vor Ort über regelmäßige Inspektionen, von Remote-Monitoring und Vibrationsanalysen bis hin zur technischen Beratung und Kundenschulung.

Beachtliche Fortschritte in Forschung und Entwicklung haben dazu geführt, dass die Gasturbine als Kernkomponente von effizienten und emissionsarmen Kombianlagen sowie als Antrieb von Spitzenlastanlagen und Verdichterstationen eine hohe Attraktivität erlangt hat. Gasturbinen sind sehr effiziente Kraftmaschinen. So hat die Siemens AG als einer der Marktführer erst kürzlich ein System auf den Markt gebracht, das im kombinierten Gas- und Dampfbetrieb über einen Wirkungsgrad von über 60 Prozent verfügt.

Die Energieversorger lieben Gasturbinen vor allem wegen ihrer Flexibilität. So gibt es etwa Gasturbinen, die in nur fünf Minuten starten und innerhalb von 15 Minuten Volllast erreichen. Der Vorteil liegt klar auf der Hand: Auf diese Weise lassen sich die schwankenden Einspeisungen immer größerer Mengen an Wind- und Sonnenstrom (die eher als unzuverlässig zu bezeichnen sind) besser ausgleichen. Und die Betreiber können ihren Umsatz erhöhen. Kein Wunder, dass viele Hersteller bestrebt sind, Gasturbinen schneller hochfahren zu können und dass sie zuverlässiger und (ressourcen)effizienter als die des Wettbewerbs sein sollen.

Ein weiterer Vorteil ist die hohe gravimetrische Leistungsdichte. Anders gesagt: Die Maschine ist im Vergleich zu dem, was sie an Leistung erzeugen kann, sehr klein. Hinzu kommt, dass sie eine sehr lange Lebensdauer hat. Bei guter Wartung und Instandhaltung sowie regelmäßiger Überholung sind durchaus Betriebszeiten von 30 bis 40 Jahren möglich.

Historische Gasturbinen ...
Die ‚Weißensee' ist eine historische Gasturbine aus dem Jahre 1904. Ihre Leistung war damals ausgelegt auf 200 PS, die Drehzahl betrug 2.000 r/m (revolutions per minute).

... und Weltrekord-Gasturbinen
Die weltweit leistungsstärkste und größte Gasturbine steht im bayerischen Irsching und erzielt eine Leistung von 375 Megawatt – das entspricht der Leistung von 17 Jumbo-Triebwerken.

Analysten bescheinigen dem Markt für Industriegasturbinen glänzende Wachstumsaussichten. Aus diesem Grund stärken viele Hersteller diesen Bereich, bauen ihn konsequent aus und erweitern konstant ihr Produktportfolio. So profitiert die MTU Maintenance Berlin-Brandenburg beispielsweise von den Erfahrungen und ihrem Kompetenzvorsprung aus dem Kerngeschäft – die Instandhaltung von Industriegasturbinen ist nämlich ein Schwerpunkt ihrer Aktivitäten (Quelle: MTU-Website).

Das Spannungsfeld für Hersteller und Betreiber

In den liberalisierten Strommärkten hat der Wettbewerb begonnen. Einer der Effekte besteht darin, den Wirkungsgrad von Gasturbinen zu erhöhen und gleichzeitig keinerlei Abstriche im Hinblick auf die Standards in Sachen Zuverlässigkeit zu machen. Keine einfache Situation, in der sich Hersteller und Betreiber befinden. Im Mittelpunkt der aktuellen Diskussion stehen Fragen der Qualitätssicherung, nicht nur bei der Herstellung von Gasturbinen, sondern eben auch bei deren Instandhaltung. Hinzu kommen strategische Ansätze, um die Lebenszykluskosten zu reduzieren und den wachsenden Anforderungen eines nachhaltigen Klimaschutzes sowie der Ressourcenschonung gerecht zu werden. Der Ausbau der Erneuerbaren Energien mit einer hohen Volatilität macht es erforderlich, die Leistungsflexibilität signifikant zu verbessern und darüber hinaus Energiespeicher auszubauen – auch unter Einbeziehung der Gasturbinentechnologie. Und da die Ressourcen knapper werden, muss überdies auf wechselnde Brennstoffqualitäten und -angebote der globalen Energiemärkte flexibel reagiert werden können. Dazu sind brennstoffflexible, zuverlässige und schadstoffarme Brennerkonzepte nötig. Mit Hilfe der Ressourceneffizienzanalyse können die heute eingesetzten Brenner analysiert und Optionen für die Verbesserung ihrer Ressourceneffizienz identifiziert werden.

So teuer wie ein Kleinwagen

Turbinenschaufeln sind extrem teure Komponenten, die häufig bereits nach einem im Vorfeld bestimmten Betriebsintervall ausgemustert werden. Eine Gasturbinenschaufel der ersten Stufe kostet am Ende ihres Herstellungsprozesses etwa so viel wie ein Kleinwagen: Turbinenschaufeln aus einkristallinen Werkstoffen können (fast) in Gold aufgewogen werden. Insofern besitzt die Reparatur verschlissener Schaufeln ein enormes wirtschaftliches Potenzial. Turbinenschaufeln sind aufgrund der extrem hohen Turbineneintrittstemperaturen von zum Teil über 1.200°C und Drücken von rund 40 Bar extrem hohen Belastungen ausgesetzt. Aus diesem Grund wurden „in fast allen modernen und mit hohen Einlasstemperaturen betriebenen Industriegasturbinen die herkömmlichen, kriechfesten polykristallinen Nickelbasis-Superlegierungen für Gusskomponenten im Heißgasbereich durch [einkristalline, Anm. der Red.] SX-Legierungen ersetzt.“ (Hendriks 2006, S. 18)

Die White-Spot-Analyse im Einsatz

Auch in dem folgenden Praxisbeispiel ging es darum, White Spots (wir erinnern uns: das sind neue Technologie-Anwendungs-Kombinationen) auf der Grundlage vorhandener Patente zu identifizieren und zu bewerten. Das Fernziel lautete, auf diese Weise zukünftige Forschungsziele und -projekte zu identifizieren und festzulegen. Die konkreten Fragestellungen lauteten: „Welche technologischen Lösungen existieren gegenwärtig für die Instandsetzung von Turbinenschaufeln?“, „Welche Bereiche werden von den zur Zeit patentierten Lösungen nicht abgedeckt (White Spots)?“ und „Welche Potenziale besitzen die identifizierten White Spots?“

1. Patente recherchieren mit Schlagwörtern

Auch bei diesem Anwendungsbeispiel begann alles mit einer Patentrecherche. Dazu musste zunächst definiert werden, in welchem Bereich recherchiert werden sollte. In unserem Falle handelt es sich bei den Suchobjekten um Reparaturverfahren für verschlissene Hochdruckturbinenschaufeln. Im zweiten Schritt musste Klarheit darüber hergestellt werden, anhand welcher Schlagwörter gesucht werden sollte. Dazu gehörten beispielsweise die Temperaturen, Zugfestigkeiten und Fügestellen. Geprüft wurde zudem auch, welchen Belastungen reparierte Komponenten standhalten müssen. Betrachtet wurden verschiedene Fertigungs- und Reparaturverfahren, von denen man sich ein hohes Potenzial bei ihrem Einsatz für die Schaufelreparatur erhoffte. Genau auf diese gezielte, aber gleichzeitig weitblickende Auswahl kommt es an, um auch neue vielversprechende Reparaturtechnologien zu identifizieren. Ziel der Patentrecherche war es daher, einen umfassenden Überblick über den aktuellen Patentstand auf dem Gebiet der Turbinenschaufelreparatur zu bekommen. Zu diesem Zweck wurden in diesem ersten Schritt knapp 80 relevante englischsprachige Patente recherchiert.

2. Inhalte extrahieren

Patente sind fast immer nach demselben Schema aufgebaut. Sie beginnen mit einer Problembeschreibung, danach folgt die Beschreibung der Lösung. Im zweiten Schritt wurden daher die in Patentdaten enthaltenen technischen Probleme und Lösungen mit Hilfe des Smart Semantics-Tools extrahiert und in einer 80 x 80-Matrix nebeneinander gestellt. Als Ergebnis wurden knapp 80 x 80 Problem-Lösungs-Kombinationen erzeugt. Sie alle analysieren und anschließend bewerten zu wollen, ist mit einem vertretbaren Aufwand manuell nicht zu bewerkstelligen. Aus diesem Grund wurden ‚unsinnige' Kombinationen wie beispielsweise „Verhinderung des Auslaufens flüssigen Schweißmaterials zur äußeren Bauteiloberfläche" durch den „Einsatz eines neuen Schweißzusatzwerkstoffs" eliminiert. Auf diese Weise konnte die Anzahl der zu untersuchenden Patente von 80 auf nur noch 40 reduziert werden.

3. White-Spots identifizieren

Aus ursprünglich 80 Patenten konnten sage und schreibe 12 so genannte White Spots identifiziert werden – also bis dato ungenutzte, nicht-patentierte technische Problem-Lösungs-Kombinationen. Bild 10 zeigt exemplarisch einen Ausschnitt. Merke: Technisch interessante Lösungen müssen nicht zwingend wirtschaftlich interessant sein. Bei den dunklen Feldern handelt es sich um Problem-Lösungs-Kombinationen, bei denen die Experten der Meinung waren, dass sie nicht weiter von Interesse sind. Bei den weißen Feldern mit dem X hingegen handelt es sich um neue, technologisch und wirtschaftlich interessante Problem-Lösungs-Kombinationen.

Patentnummer	EP1410872 BB	US7634854 BB	US2005274009 AA
Lösung / Problem	Schweißzusatzwerkstoff, der aus einer Nickelbasislegierung besteht, die sowohl Gammaphasen als auch Chrom-Karbide beinhaltet	Verfahren zum Verbinden von Schaufelblättern mit Schaufelfüßen oder Rotorscheiben bei der Herstellung und/oder Reparatur von Gasturbinenschaufeln o. integral beschaufelten Gasturbinenrotoren	Methode für die Reparatur vorstehender Strukturen stationärer Dicht(streifen, -spitzen) in Gasturbinen
Schaufelreparaturen sind auf den Niederdruckbereich des Schaufelprofils begrenzt	X In dem Patent werden keine Einschränkungen bezüglich des Einsatzbereiches der Schaufeln gemacht. Reparatur der Schaufelspitze, welche herausgeschnitten ...	X Im Patent wird keine Einschränkung bezüglich des Einsatzortes der reparierten Komponente gemacht.	
Im Betrieb bzw. bei der Fertigung auftretende Schäden	Beschreiben BT, bei denen es zu Oxidationsverlusten und Rissen kommt, behoben durch Anpassung der Legierungsanteile (CO wird erhöht ⊠ Unterdrückung von Oxidationsrissen an Korngrenzen) ...	Es werden sehr großvolumige Schäden repariert (im Patent beschrieben)	Es werden nicht Turbinenschaufeln repariert, sondern Gehäusekomponenten.
Unerwünschte Temperaturveränderung entlang der Schaufeloberfläche			Der Ausgangszustand der Turbine wird hergestellt. Die Dichtstreifen werden erneuert.

Bild 10: Ausschnitt aus der Problem-Lösungs-Matrix

Zwei Patente im Problemfeld „Schaufelreparaturen sind auf den Niederdruckbereich des Schaufelprofils begrenzt" wollen wir uns näher ansehen. Im Patent EP1410872BB wird ein neuer Schweißzusatzwerkstoff vorgestellt. Im Patent werden keine Einschränkungen bezüglich des Einsatzortes mit diesem Werkstoff reparierter Bauteile gemacht. Eine Prüfung der Einsatzeigenschaften für den Hochdruckschaufelbereich scheint vielversprechend. Das Patent US7634854 BB beschreibt ein Verfahren zum Verbinden von Schaufelblättern mit Schaufelfüßen oder mit Rotorscheiben für ihren späteren Einsatz in der Gasturbine. Im Patent wird der Einsatz so reparierter Schaufeln im Hochdruckbereich der Turbine nicht beschrieben. Auch hier ist eine Prüfung der Einsatzeigenschaften für den Hochdruckschaufelbereich vielversprechend.

4. White Spots analysieren

Einmal in den näheren Blick gekommen, untersuchte das Team mit Hilfe von sechs markt- und zehn institutsbezogenen Kriterien das Potenzial der White Spots für das Fraunhofer IPK. Hierzu wurden die einzelnen Patente nochmals akribisch gelesen. Dabei stellte sich das Team bei jedem einzelnen Patent die Frage, ob noch andere Probleme gelöst werden könnten, die im Patent selbst überhaupt nicht beschrieben werden. Denn auf diese Weise ließe sich ein Patent abwandeln und ein neues Verfahren für die Reparatur neuer Komponenten schaffen. Mit dieser ‚Brille' arbeitete sich das Team durch die Patente. Während dieser Analysephase gab es ganz erstaunliche, so nicht erwartete Ergebnisse. Beispielsweise tauchten im Zusammenhang mit den neuen Anwendungsfeldern immer wieder die Fragen auf wie „Kann die im Patent beschriebene Lösung auch auf weitere im Patent nicht angesprochene Hochtemperaturwerkstoffe angewendet werden?", „Kann dieser neue Aspekt in die Institutsstrategie integriert werden?", „Welche zeitlichen und personellen Investitionen sind erforderlich, um die identifizierte Patentlücke weiterzuentwickeln?"

5. White-Spot-Ranking

Zum Schluss münden alle White Spots, die sowohl technisch als auch wirtschaftlich interessant sind, in ein Portfolio – das beispielsweise für ein Investorengremium eine hervorragende und eindeutige Entscheidungsgrundlage bietet. Kurz gesagt: Im rechten oberen Bereich befinden sich die Renner, auf die sich ein Unternehmen (oder eine Forschungseinrichtung) stürzen wird, wenn es sie als Chance erkannt hat.

Was die Methode gebracht hat

Auf Grundlage der identifizierten White Spots wurden am Fraunhofer IPK neue Schwerpunkte gesetzt und Mitarbeiter-Kapazitäten für die Erforschung der generativen Verarbeitung von Nickelbasis-Werkstoffen bereitgestellt, die für den Turbinenbau entscheidend sind. Ferner wurden gezielt Anträge für Forschungsprojekte aus diesem Bereich gestellt und bewilligt. Erste Forschungserfolge zeichnen sich ab.

Fünftes Etappenziel erreicht

Das fünfte Etappenziel ist erreicht. Nun möchte eine Organisation wissen, welche neuen Märkte in welchem Zeitraum das größte Potenzial bieten, welche Maßnahmen ergriffen werden müssen, um die identifizierten Marktfelder bedienen zu können, aber auch die Diversifikationsmöglichkeiten seiner Technologien kennen. Antworten auf diese Fragen liefert die letzte Methode, die wir Ihnen auf den folgenden Seiten vorstellen wollen.

Kapitel 7:

„Wo greifen wir an?“
(Neue) Märkte finden

„Je größer der Markt, desto größer der Wohlstand für alle.“
Adam Smith

90 Prozent aller fernen Galaxien kennen wir nicht

Astronomen kamen vor nicht allzu langer Zeit zu dem Schluss, dass 90 Prozent aller sehr weit entfernten Galaxien bislang schlicht und ergreifend ‚übersehen' worden sein könnten. Die Astronomen nutzten, so war es in einer großen deutschen Tageszeitung zu lesen, für ihre Untersuchung eines der größten und modernsten Observatorien der Welt: die Europäische Südsternwarte (ESO) in Chile. Chile hat nicht nur den klarsten Himmel auf der Welt, sondern ist auch Heimatland der wichtigsten astronomischen Observatorien. Die eingangs erwähnten Wissenschaftler untersuchten einen relativ gut erforschten Ausschnitt des Universums nach Strahlen einer bestimmten Wellenlänge mit dem Ziel, etwa zehn Milliarden Jahre alte Galaxien zu finden. Dabei suchten sie zuerst nach der herkömmlichen Methode. In einem zweiten Schritt forschten die Wissenschaftler mit einer Spezialkamera nach Strahlen einer anderen Wellenlänge, Hydrogen-Alpha genannt. Und die lieferte völlig neue Erkenntnisse. Denn auf diese Weise entdeckten sie zahlreiche Galaxien, die mit der ersten Methode nicht gefunden werden konnten und daher bislang auch nicht bekannt waren.

„explore: ... tr 1. erforschen, 2. (a. MED) untersuchen" (PONS Kompaktwörterbuch Englisch-Deutsch, Deutsch-Englisch)

Und gleich noch ein zweites Beispiel: Die Raumsonde ‚Voyager 1', ausgestattet mit Informationen über die Erde und den Menschen, befand sich am 14. Dezember 2010 (Quelle: Berliner Zeitung) etwa 15 Milliarden Kilometer von der Erde entfernt und war im Begriff, sich aus unserem Sonnensystem in die unendlichen Weiten des Alls zu verabschieden. Dabei ging der Übergang in den interstellaren Raum äußerst turbulent vor sich. Denn am Übergang zwischen Sonnensystem und interstellarem Raum stoßen die so genannten ‚Partikelwinde' aufeinander, heizen sich auf und schütteln alles kräftig umeinander, was sich hindurchbewegt – bis heute (November 2011). Weil sich die Raumsonde nach astronomischen Maßstäben nämlich mit vergleichsweise langsamen 61.150 Stundenkilometern bewegt, wird der Durchflug durch die Randzone noch rund drei Jahre dauern.

Ganz so spektakulär geht es bei der Suche nach neuen Märkten nicht zu (von wenigen Ausnahmen abgesehen). Aber die Schlüsselworte sind bereits gefallen: Neue Methoden liefern neue Erkenntnisse. Und um Neues zu entdecken, muss man vielleicht in Kauf nehmen, sich ein bisschen durchschütteln zu lassen ...

Der MarktExplorer auf einen Blick

Der MarktExplorer gestattet es auf einzigartige Weise, neue Technologiemärkte zu erschließen – und das in deutlich kürzerer Zeit als bei herkömmlichen Methoden. Dies gelingt, weil sich mit Hilfe dieser innovativen, IT-gestützten Methode neue Anwendungsmöglichkeiten für die eigenen Technologien systematisch erkennen lassen. Aufgrund der umfassenden Marktbetrachtung und Marktbewertung nimmt die Qualität der Ergebnisse deutlich zu. Dafür sorgt auch die durchgängige methodische Vorgehensweise, die eine dynamische Auswertung der Ergebnisse erlaubt.

Auf der Suche nach neuen Anwendungsfeldern

Bei unserer sechsten und letzten Methode lautet die Leitfrage: Welche neuen Anwendungsfelder und damit verbundenen Marktpotenziale gibt es für eine vorhandene, aber auch neu identifizierte Technologie? Gibt es andere Produkte, Leistungen und Märkte? Gibt es die Möglichkeit, in verschiedene Märkte zu diversifizieren?

Mit diesen Fragen auf das Engste verbunden ist das Folgende: Eine Organisation möchte jetzt, nachdem es all die vorigen Schritte systematisch durchlaufen hat, wissen, welche neuen Märkte in welchem Zeitraum das größte Potenzial bieten und welche Maßnahmen ergriffen werden müssen, um die identifizierten Marktfelder bedienen zu können. Um jedoch ein vollständiges Bild zu erhalten, sollten auch bereits bekannte bzw. bestehende Anwendungen bzw. Märkte mit ihrem zukünftigen Potenzial betrachtet werden.

Zwar gibt es eine ganze Reihe bestehender Ansätze, die jedoch alle Nachteile haben. So erlauben sie beispielsweise keine systematische Suche nach neuen Anwendungen, sondern laufen eher unter der Flagge ‚Zukunftsprojektion bestehender Märkte'. Und damit sind sie im Grunde genommen unbrauchbar, weil viel zu fokussiert. Denn Technologieentscheidungen aufgrund nur sehr globaler Trends treffen zu wollen, ist nicht der adäquate Weg. Hinzukommt noch ein weiterer Aspekt: Die verfügbaren Methoden sind zumeist wettbewerbs-, aber nicht technologieorientiert. Man könnte dies unter dem Schlagwort ‚einholen statt überholen' fassen. Das Ergebnis derartiger Methoden sind dann in der Regel (hochgradig) statische Portfolios anstatt dynamischer Darstellungen.

Und auch was die Bereitstellung semantischer Tools für die notwendigen Recherchen anbelangt, gab und gibt es noch immer Defizite. Man denke etwa an isolierte Tools, die sich nur schwer in den in diesem Buch skizzierten Gesamtprozess einbinden lassen (vor allem was die Weiterverarbeitung und Aufarbeitung der Ergebnisse anbelangt). Hinzukommt, dass wichtige Quellen teilweise nicht ersichtlich bzw. einstellbar sind oder dass sich nur eigene Dokumente nutzen lassen. Sie sehen: eine lange Liste von Schwächen, die sich beliebig erweitern ließe ...

Genau aus diesem Grunde wurde bei Fraunhofer der *MarktExplorer* entwickelt, dessen Vorgehensweise sich stichwortartig wie folgt beschreiben lässt:

Funktionen der Technologie beschreiben

In einem ersten Schritt geht es um die IT-unterstützte Funktionsanalyse. (Diese Analyse wird auch beim TechnologieRadar sowie anderen Methoden durchgeführt mit dem Effekt, ‚mehrere Fliegen mit einer Klappe zu schlagen'.) Wichtig in diesem Zusammenhang: Es geht um nutzerorientierte Funktionen. Sind diese identifiziert, werden die Schlüsselbegriffe für die sich anschließende Recherche ausgewählt. Zudem werden Leistungsparameter und deren aktueller Stand aufgenommen. Um ein Beispiel zu nennen: Bei OLEDs geht es um die Beleuchtungsstärke in Lux oder die Haltbarkeit (Lebensdauer in Jahren).

Konkurrenztechnologien recherchieren

Nun geht es um die Recherche von Technologien, mit denen die geforderten Funktionen erfüllt werden können. Die Frage lautet konkret: Welche anderen Technologien stehen mit der eigenen Technologie in Konkurrenz (z.B. GPS, optisches Tracking). Recherchiert werden jedoch auch Unternehmen und Institutionen, die innerhalb des eigenen Technologiefeldes tätig sind.

Anwendungen identifizieren und analysieren

In diesem dritten Schritt erfolgt die IT-unterstützte Anwendungssuche. Semantisch gesucht wird in Patenten, aber auch Zukunftsreports, wissenschaftlichen Zeitschriften, Internetplattformen, Newslettern o.ä. Diese Suche findet auch in ganz anderen, entfernt liegenden Branchen mit Hilfe von eigenentwickelten, semantisch operierenden Suchmaschinen statt. Gute Dienste leistet in diesem Zusammenhang die Arbeit mit Kreativitätstechniken und Szenarien

Anwendungen bewerten

Nun werden die Anwendungen mit Hilfe technologie- als auch marktbezogener Kriterien bewertet. Dazu findet eine Clusterung der identifizierten Anwendungen in Marktfelder statt.

Maßnahmen ableiten

Sind die Anwendungen einer Bewertung unterzogen, müssen Maßnahmen abgeleitet werden. Die Bewertung mündet in eine Art ‚Radar' über einen vorher definierten Zeitraum hinweg. Zweck ist, einen Markt-Gesamtüberblick zu erhalten.

So weit die Theorie. Wie die Arbeit mit dem MarktExplorer in der Praxis aussieht, wollen wir Ihnen am folgenden Beispiel aus dem Bereich der optischen Technologien zeigen.

Die sehende Nadelspitze

„Bei der Suche nach der Nadel im Heuhaufen ist der Unterschied zwischen mir und einem normalen Forscher der, dass ein normaler Forscher mit der Suche aufhört, wenn er eine Nadel gefunden hat, ich aber den ganzen Haufen durchsehe, ob nicht vielleicht noch weitere Nadeln darin sind."
Albert Einstein

Der Blick ins Innere

Die erste überlieferte Spiegelung des Magens stammt aus dem Jahr 1868, als der Internist Adolf Kussmaul die Gastroskopie mit einem starren Gastroskop an einem Schwertschlucker demonstrierte, dem er statt eines Schwertes eine Röhre in den Magen schob. Beruflicher Ärger hatte dem lebenden Versuchsobjekt ein Magengeschwür eingetragen. Auf die Frage, ob Kussmaul als der behandelnde Arzt das innerliche Problem mit einem von ihm entwickelten Sehrohr in Augenschein nehmen dürfe, beantwortete der Schmerz leidende Artist mit Ja. Die Magenspiegelung war erfunden, in Fachkreisen auch Gastroskopie genannt.

So ungewöhnlich wie Patient und Diagnosegerät waren auch der Ort der Behandlung: eine Freiburger Weinstube. (Allerdings sagen diverse Quellen, dass Kussmaul nur einmal und nie wieder einen Freiwilligen fand. Die Prozedur war weit schlimmer als das Schwertschlucken.) „Mehr als hundert Jahre später", so war in einem Artikel im Spiegel 1978 zu lesen, „gilt die Innenschau jedoch als ‚zukunftsträchtige Spezialdisziplin' und ‚gleichwertige Schwester der Röntgenologie'". Zitiert wurde aus einem Ärztemagazin. Fakt ist: Die Gastroskopie zählt zu den lange Zeit gebräuchlichsten und gleichzeitig unangenehmsten Diagnoseverfahren.

Das Endoskop: Eine Geschichte im Zeitraffer

Das erste Gerät, das einem Endoskop glich, war das so genannte Zytoskop, 1807 von dem Frankfurter Arzt Philipp Bozzini entwickelt. Benutzt wurde es, um die Blase eines Menschen zu untersuchen.

1853 erfand Dr. Desormeaux das Endoskop. Mit ihm konnten bessere Ergebnisse erzielt werden, denn es wurde mit dem Licht einer Gasogenlampe betrieben. 1868 führt Kussmaul eine erste Untersuchung an einem lebenden Menschen durch.

Im Jahr 1879 stellt der Urologe Maximilian Nitze ein Gerät mit einer verbesserten Prismen- und Spiegeltechnik vor.

Und nachdem Edison 1879 die Kohlefadenlampe erfand, konnten verschiedene Körperhöhlen nun auch mit elektrischem Licht ausgeleuchtet werden.

Was ist ein Endoskop?

Das Endoskop ist ein miniaturisiertes optisches System, das mittels Linsen das Bild aus dem Körperinneren an die angeschlossene Kamera weiterleitet. Endoskope ermöglichen nicht nur Einblicke in das Innenleben von Menschen, sondern auch von Maschinen und Anlagen. Aufgrund ihrer flexiblen Führung, ihres geringen Gewichts und ihrer hervorragenden Optik lassen sich Schwachstellen sehr leicht und frühzeitig erkennen, so dass gezielt vorbeugende Maßnahmen ergriffen werden können, ohne aufwändige Demontagen ausführen zu müssen. Endoskope werden von Medizinern, Elektrikern, Sicherheitsfachleuten, Sachverständigen in allen Branchen, Mechatronikern, Feinwerkmechanikern, aber auch KFZ-Mechanikern verwendet. In Deutschland gibt es ca. 40 Anbieter von Endoskopen, die auf unterschiedliche Typen und Anwendungsbereiche spezialisiert sind. Weltweit gibt es knapp 50 Hersteller.

Die Kräfte bündeln

Angesichts des hohen technologischen Entwicklungstempos, dominanter globaler Wettbewerber und wachsender Marktkomplexität bündeln Unternehmen ihre Kräfte – beispielsweise in Form von Industriekonsortien. Denn kein einzelnes Unternehmen, und sei es noch so hoch professionalisiert, meistert die Herausforderungen der Technologieentwicklung optimal aus eigener Kraft. Eine gemeinschaftliche Anstrengung hingegen verspricht nicht nur Kostenvorteile, sondern auch verbesserte Zugangschancen zu neuen Märkten. Dieser Meinung jedenfalls ist das Industriekonsortium, bestehend aus namenhaften innovativen Unternehmen der Optikbranche. Jedes der Unternehmen verfügt über enormes Know-how in einzelnen Bereichen. Aber erst diese ‚Plattform', die Kombination aus Projektpartnern, in die jeder seine Kernkompetenz einbringt, ermöglicht die Entwicklung exzellenter Produkte. Und nur so sind die Unternehmen in der Lage, den ‚Nerv' des Marktes zu treffen.

Das Entwicklungsziel

Die Endoskopie zählt heute zu den innovativsten Gebieten der Medizin. Eine herausragende Rolle spielen nicht nur diagnostischen Verfahren, sondern auch die sich bietenden therapeutischen Möglichkeiten. Die technische Entwicklung im Endoskopiebereich zielt auf robuste dünne Videoendoskope mit hoher Auflösung. Das Ziel des Industriekonsortiums war die Entwicklung von zwei Versionen für eine Videoendoskopkamera. Bild 11 stellt den schematischen Aufbau der entwickelten Endoskopkamera und die Merkmale der beiden Versionen dar.

Merkmale	1. Version	2. Version
Verwendung	einmalig	mehrfach
sterilisierbar	nein	Ja, sogar autoklavierbar[1]
Durchmesser	3mm	3,8mm
Auflösung	680 x 680 Pixel	680 x 680 Pixel
Material	Kunststofflinsen	Glassoptiken und Hochtemperaturkunststoffe
Integrierte Funktionalitäten	Bildverarbeitung	Bildverarbeitung, Beleuchtung, Laser

[1]) ‚Autoklavieren' ist eine Sterilisationsmethode, die unter feuchter Hitze (130°C) und Druck durchgeführt wird. Ziel ist die Keimfreiheit des Endoskops.

Bild 11: Merkmale der beiden Videoendoskopkameraversionen

Die erste Version zielt auf die Entwicklung einer dünnen kostengünstigen Endoskopkamera mit hoher Auflösung für eine einmalige Verwendung. Diese Kamera muss nach der Verwendung nicht aufwändig gereinigt und desinfiziert werden, was besonders für niedergelassene Arztpraxen und Krankenhäusern mit niedrigen Fallzahlen interessant ist. Die zweite Version zielt auf die Entwicklung einer dünnen kostengünstigen Endoskopkamera mit hoher Auflösung, die desinfizierbar und autoklavierbar ist.

Die Besonderheiten der zwei Endoskopkameraversionen gegenüber herkömmlichen Endoskopkameras sind: hohe Bildauflösung in Relation zum Durchmesser, kurze Kameralänge für maximale Flexibilität, Verwendung von Spezialoptiken und Hochtemperaturkunststoffen sowie Nutzung modernster Optikfertigung für eine kostengünstige Herstellung.

Eine Besonderheit der zweiten Endoskopkameraversion ist der integrierte Laser. Somit kann der Arzt mit seinem Endoskop nicht nur diagnostizieren, sondern auch behandeln. Dies erschließt weitere Anwendungsfelder. Doch kommen wir nun zur konkreten Anwendung des MarktExplorers und zu den erzielten Ergebnissen.

Der MarktExplorer im Einsatz

Im Folgenden werden einige Arbeitsschritte, die Sie aus dem einleitenden Methodenteil bereits kennen, näher beschrieben.

Den ‚Funktionsbaum aufsetzen'

Im ersten Schritt wurde der so genannte Funktionsbaum aufgestellt, dessen Aufgabe die funktionale Beschreibung der Endoskopkamera war. Dazu war es nötig, die Kameramerkmale mit konkreten technischen Daten zu spezifizieren wie beispielsweise Durchmesser, Blickrichtung, Öffnungswinkel, integrierte Beleuchtung, integrierte Laserfaser, integrierte Bildverarbeitung, Chemikalien- und Temperaturresistenz sowie kalkuliert Herstellungskosten.

Die Anwendungsrecherche

Im Vorfeld definierte das Industriekonsortium die humanmedizinische Endoskopie als Hauptanwendung. Unter Zuhilfenahme des Marktexplorers wurde softwareunterstützt nach weiteren Anwendungen gesucht. Als Ergebnis dieser Recherche traten zahlreiche Anwendungsbereiche zutage (siehe Bild 12).

Was mit dem MarktExplorer erreicht wurde

Der MarktExplorer ist ein wirkungsvolles Instrument, um systematisch nach neuen Anwendungen für vorhandene Technologien zu suchen und deren Potenzial zu bewerten. Der Einsatz des MarktExplorers trug dazu bei, die Diversifikationsmöglichkeiten der eigenen Technologie systematisch zu erkennen. Die Aufstellung des Funktionsbaums half bei der umfänglichen Technologieerfassung und -beschreibung, diente aber auch hervorragend als Kommunikationsmittel mit den Experten.

Anfänglich konzentrierte sich das Industriekonsortium auf die humanmedizinische Endoskopieanwendung. Aus der Anwendungsrecherche ergaben sich zahlreiche neue Anwendungsmöglichkeiten mit ihren Anforderungen an das Videoendoskop und dessen integrierte Kamera.

Industrie	Human- und Veterinärmedizin
Automobilbranche (Motorinspektionen)	Gastroenterologie
Sicherheitsbranche (Zoll, Fahrzeugbodenkontrolle)	Arthroskopie
Baubranche (Rohr-, Spalt-, Hohlrauminspektionen...)	Chirurgie
Anlageninspektion (Maschineninnenraum, ...)	Urologie
Luft- und Raumfahrtbranche (Flugzeuginspektionen, ...)	Bronchoskopie
Heimwerkerbranche (Modellbau, ...	Neurologie...

Bild 12: Anwendungsbereiche für Videoendoskope

Basierend auf den Anforderungen der gefundenen Anwendungen wurden Weiterentwicklungsmöglichkeiten für die Endoskopkamera abgeleitet. Dadurch war es möglich, neue Anwendung und damit Märkte mit einer auf die Anwendung zugeschnittenen Kamera zu erschließen. Genau das ist das Ziel des MarktExplorers: neue Anwendungen mit ihren benötigten Spezifikationen zu finden.

Lichtquelle der Zukunft

„Ich bin ein Glückspilz. Ich kenne über 5000 Möglichkeiten, wie man keine Glühbirne herstellt.“ *Thomas Edison*

Licht – Innovationstreiber Nr. 1

Ein eindrückliches Beispiel für einen technologischen und ökologischen Quantensprung ist die Beleuchtung. Über einen Zeitraum von fast 130 Jahren war die Glühbirne die Standardlösung. An ihr konnte man sich, falls unachtsam, tüchtig die Finger verbrennen. Sie hatte noch einen zweiten entscheidenden Nachteil: Die beim Brennen produzierte Wärme verschlang 95 Prozent der eingesetzten Energie, so dass lediglich fünf Prozent in Licht umgewandelt werden konnte. In unserer heutigen Zeit, die von Nachhaltigkeit und Energieeffizienz geprägt ist, also eine energetische Katastrophe.

Aber die heutigen Licht- und Strahlungsquellen auf der Basis von Glüh- oder Entladungslampen erhalten immer stärkere Konkurrenz: das Halbleiterlicht. LEDs sind Halbleiterbauelemente, die elektrischen Strom in Licht umwandeln. (LED steht für ‚Licht emittierende Diode'.) Es ist noch gar nicht so lange her, da standen nur geringe Lichtleistungen zur Verfügung, weißes Licht war nicht darstellbar. „Erst die Entwicklung blau-emittierender LEDs im Jahr 1995 ebnete den Weg zu ‚weißen' LEDs." (BMBF 2007) In den vergangenen Jahren lag der Forschungsschwerpunkt eindeutig auf Effizienz- und Helligkeitssteigerungen. Es gelang, die Lichtleistung von LEDs in nur drei Jahren zu verdreifachen. Und so finden sie vielfältige Verwendung in Armaturen von Autos, bei der Handybeleuchtung, bei Anzeigetafeln oder Verkehrslichtern.

Zukünftig werden neben LEDs auch OLEDs zur Verfügung stehen. Das Kürzel OLED steht für ‚organische Licht emittierende Diode', die fünfmal mehr Strom in Licht umsetzen, wobei sie als ‚kalte Lichtquellen' kaum Wärme entwickeln. Der Ursprung der OLED-Entwicklung liegt schon einige Jahre zurück. Die kleinen Moleküle, Basis aller heute erhältlichen OLEDs, wurden von Tang und van Slyke (Kodak, Rochester) entdeckt. Die Entwicklung polymerbasierter OLEDs erfolgte durch Friend und Mitarbeiter an der Universität Cambridge 1990. Hier wurde das Fundament gelegt für lösungsprozessierte OLEDs, die auch am IAP Inhalt der Forschung sind. Seit jenem Jahr wurde diese neue Technologie rasant weiterentwickelt. Zur Zeit arbeiten die Wissenschaftler unter Hochdruck daran, die Lebensdauer zu verlängern. Die alten elektronischen Bauteile haben bei OLEDs ausgedient. Sie werden durch neue flexible Schaltungen aus Kunststoff ersetzt. Forscher nennen diese Schaltungen Polytronik, die die OLEDs von starren Komponenten befreien werden.

Elektrolumineszenz
ist eine Leuchterscheinung unter Einwirkung einer elektrischen Entladung. Sie tritt auf, wenn ein Material durch durchfließenden elektrischen Strom (oder ein starkes elektrisches Feld) dazu angeregt wird, Licht auszustrahlen.

Halbleiterlichtquellen nutzen die Elektrolumineszenz organischer bzw. anorganischer Halbleiter und sind im Begriff, eine Revolution in der modernen Lichttechnik einzuleiten. Sie kombinieren wie keine andere Lichtquelle zuvor eine ganze Reihe an Vorteilen: hohe Energieeffizienz, große Farbvielfalt, Stabilität, lange Lebensdauer, Brillanz und völlig neue Designmöglichkeiten.

Ein kurzer Blick in die Geschichte

Erste Versuche, elektrisches Licht zu erzeugen, gab es um das Jahr 1800. Knapp 80 Jahre beschäftigte sich Thomas Alva Edison damit, die Leuchtdauer einer Kohlefadenlampe, der Vorläuferin der Glühbirne, zu erhöhen. Es gelang ihm zunächst, eine Leuchtdauer von 40 Stunden, in einem nächsten gewaltigen Schritt von 1000 Stunden zu erreichen. 130 Jahre später neigt sich die Ära der Glühlampe dem Ende zu. Der Grund: zu ineffizient. Nach den Vorreitern Australien und Neuseeland werden diese Leuchtmittel nun auch in Europa schrittweise vom Markt genommen. Stichtag des Verkaufsverbots für die 100-Watt-Glühbirnen war der 1. September 2009. Seit diesem Tag sind sie endgültig aus dem Handel verschwunden.

Die dunkle Seite des Lichts

Die Nacht zum Tage machen ist, technisch gesehen, schon lange kein Problem mehr. Elektrisch erzeugtes Licht hat aber seinen Preis. Immer dort, wo Licht künstlich erstrahlt, entstehen auch Kosten. In Deutschland[1] liegt der Anteil der Energie für Beleuchtungszwecke am Gesamtstromverbrauch derzeit bei knapp 10% elektrischer Energie und hat somit einen nennenswerten Anteil am Ausstoß des Treibhausgases CO_2. Auf diese Weise wird die Atmosphäre jährlich mit ca. 30 Mio. t CO_2 belastet und der Treibhauseffekt weiter genährt. Um dieser Entwicklung Einhalt zu gebieten, muss unsere oberste Maxime deshalb lauten, unseren Verbrauch weiter drastisch zu senken und die Umwelt mit energiearmen Lichtquellen zu entlasten – ein wichtiger Entwicklungsbereich auf dem Weg, uns unsere natürliche Lebensgrundlage zu erhalten. Sie sehen: das Stichwort Energie- und Ressourceneffizienz ist ‚brandaktuell' und aus gutem Grunde mehrfach in diesem Buch vertreten.

Expedition Zukunft

OLEDs sind einsetzbar im Bereich Multimedia und Kommunikation, im Städtebau, bei Fahrzeugen und im Straßenverkehr, aber auch in der scheinbar ‚fernen' Textilbranche, man denke beispielsweise nur an die Vision leuchtender Kleidung. Die Frage, *wo* eine neue Technologie einsetzbar ist, ist wohl für jedermann die Naheliegendste. Bei uns steht die Frage nach dem *was*, nach dem Können einer Technologie, am Anfang. Ausgehend von dem Antworten auf diese Frage werden neue, attraktive Anwendungsfelder gescannt. In unserem Falle sind es genau drei, nämlich OLED-Beleuchtung, -Signale und -Displays (siehe Bild 13).

[1] 20% des weltweiten Stromverbrauchs werden für die Beleuchtung veranschlagt.

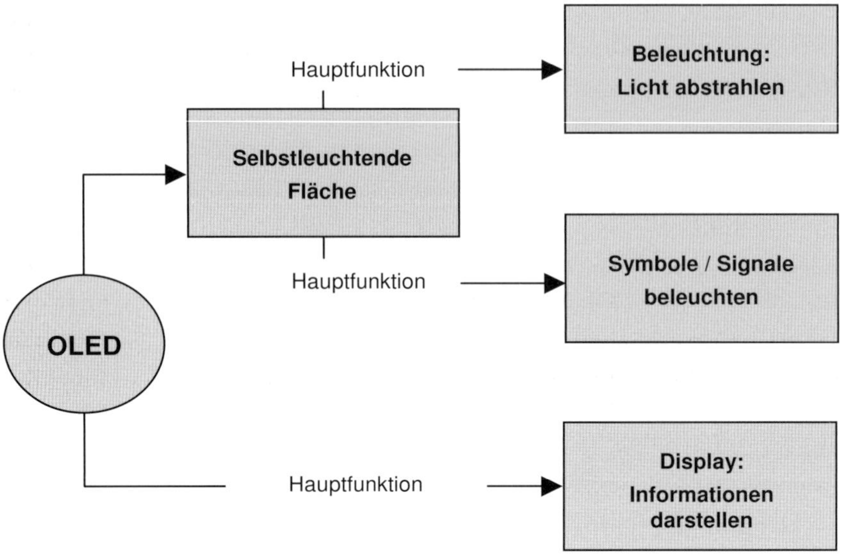

Bild 13: Hauptfunktionen der OLED

1. Beleuchtung: Licht abstrahlen

OLEDs werden nicht nur im Markt für Elektronikgeräte, sondern auch für Beleuchtungskörper als Hoffnungsträger gesehen. Weil die Produkte derzeit noch relativ teuer sind, arbeitet die Industrie an günstigeren Produktionsmethoden. Auch wenn gemunkelt wird, dass in einigen Jahren Glühbirnen und Leuchtstoffröhren von OLEDs abgelöst werden sollen, betrachten viele Hersteller OLEDs auch als Komplementärlösung zu bereits vorhandenen Lichtquellen. Sie werden vollkommen neue Anwendungsmöglichkeiten am Beleuchtungsmarkt eröffnen. Architekten und Designer verwenden die Technologie bereits jetzt, um kreative Ideen umzusetzen.

Leuchttapeten
Wenn wir zukünftig im intelligenten Haus unsere Wohnung betreten, fahren wir einfach mit der Hand über die Wand und schalten die Tapete an. Die Tage der Glühlampe sind gezählt. Möglich machen sollen dies OLEDs.

OLEDs sind, wenn man so will, selbstleuchtende Flächen. Daraus leitet sich zunächst einmal die erste Hauptfunktion ‚Licht abstrahlen' ab. Die Lichterzeugung bei OLEDs erfolgt „analog zu klassischen LEDs. Da im Gegensatz zu bisherigen Halbleitermaterialien die Bandlücke in polymeren Halbleitern über einen großen Bereich frei einstellbar ist, können leicht OLEDs beliebiger Farbe erzeugt werden. Durch Mischen oder Stapeln verschiedener Emitter lässt sich prinzipiell jede beliebige Farbtemperatur einstellen. Da OLEDs ‚flächig' emittieren und im abgeschalteten Zustand sogar transparent sind, lassen sich viele neue Anwendungen realisieren.

Besonders vielversprechend ist der Markt der Allgemeinbeleuchtung." (Programmausschuss 2010) Im Beleuchtungsmarkt gehört OSRAM neben General Electric (USA) und Philips (NL, mit starkem Entwicklungsschwerpunkt in Deutschland) zu den Weltmarktführern.

Von Leuchttapeten und transparenten Wänden

Die Halbleitersparte des Leuchtmittelherstellers OSRAM hat weiße OLEDs entwickelt, die sowohl im aus- als auch im eingeschalteten Zustand transparent sind. Auf diese Weise ist es möglich, Trennwände zu bauen, die tagsüber durchsichtig sind, abends jedoch ein angenehmes Licht spenden. Der erste OLED-Prototyp schafft eine Helligkeit von 1.000 Candela pro Quadratmeter und 20 Lumen pro Watt. (Zum Vergleich: Eine gewöhnliche Haushaltskerze hat eine Lichtstärke von etwa 1 cd.)

2. Displays: Informationen darstellen

Die sehr junge OLED-Technologie bereitet in der Display-Branche den Weg zu dünnen, rollbaren Bildschirmen. OLEDs sind auch der Schlüssel zu völlig neuen, faszinierenden Anwendungen, wenn es darum geht, Informationen auf Displays darzustellen und farbstarke, kontrastreiche Displays für Handys und damit bessere Lesbarkeit zu ermöglichen. Dazu wird, kurz gesagt, die Leuchtfläche einer OLED in kleine, einzeln ansteuerbare Segmente unterteilt. Displays sind heute die wichtigste Schnittstelle zum Bedienen und Warten von Maschinen und Geräten. Indem OLEDs völlig neuartige Konzepte erlauben, um Licht zu erzeugen, können sie auch hier ihre Vorteile sehr gut ausspielen. Ein Wermutstropfen ist allerdings, dass Displays momentan nur noch in Asien hergestellt werden. Unternehmen wie Samsung, LG und wie sie alle heißen mögen, beschäftigen sich intensiv mit der Entwicklung von OLED-Displays, wohingegen es in Europa keinen einzigen Zulieferer mehr für die Silizium-basierte Ansteuerung für OLEDs gibt. Aus diesem Grund beschäftigen wir uns bei Fraunhofer vor allem mit den Funktionen Beleuchtung, Symbolen und Signalen.

Pass mit eingebautem Monitor

Der Pass, wie wir ihn als ‚analoges' Dokument kennen, ist ein Auslaufmodell. So präsentierte vor geraumer Zeit die Bundesdruckerei GmbH mit Sitz in Berlin das erste e-Pass-Konzept. In Zusammenarbeit mit Samsung SDI wurde ein Pass mit einem Mini-Display entwickelt, das höhere Fälschungssicherheit garantieren soll. Die dünnen, biegsamen AMOLED-Displays sind 300 μm dünn (ein Mikrometer ist ein Tausendstel Millimeter), können Farben darstellen und kommen ohne Batterie aus (weil sie mittels Induktion betrieben werden sollen). Über das Display sollen in Zukunft Informationen wie ein bewegtes Bild des Passinhabers zur ‚Videoidentifikation', Texte oder virtuelle Stempel bei Reisen ins Ausland angezeigt werden.

3. Symbole bzw. Signale beleuchten

Eine dritte Hauptfunktion ist, Symbole bzw. Signale zu beleuchten. Denken Sie nur an Beschilderungen, z.B. im Straßenverkehr, an Symbole (für Notausgang z.B.) oder an Tastaturen, eine Uhr etc. Hier gibt es eine Fülle interessanter Anwendungsfelder.

Die Methode in der praktischen Anwendung

Anwendungen recherchieren

Eine OLED hat bestimmte Eigenschaften. Sie leuchtet. Sie leuchtet flächig. Sie leuchtet in Farben. Sie hat eine bestimmte Helligkeit, Ansprechbarkeit und Lebensdauer. Mit dem MarktExplorer werden die möglichen Funktionen und deren Ausprägungen (= Eigenschaften) aufgenommen. Auf der Suche nach neuen, interessanten Anwendungen wurde die Suchmaschine mit diesen Eigenschaften ‚gefüttert'. Um Ihnen eine ganz konkrete Vorstellung zu geben: „Wir suchen eine Anwendung, deren Eigenschaft 1.000 candela/qm^2" (= ‚hell') lautet". Auch die Suchbegriffe waren vielfältig, um die drei Anwendungsfelder gezielt abzudecken. Sie lauteten beispielsweise Leuchteffekt, Displayinformation, Beleuchtung, Information darstellen, selbstleuchtende Oberflächen, um nur eine kleine Auswahl zu nennen. Softwareunterstützt wurde in diversen Quellen recherchiert – vornehmlich im ‚invisible web' (das sind Seiten, auf die man nur mit Zugangscodes gelangt). Der Grund: Die Daten dort sind valider. Auf diese Weise konnten knapp 80 Anwendungen herausgefiltert werden, die mit dem gesuchten Eigenschaftsprofil kompatibel waren.

Das Ergebnis war ein hervorragender Überblick über potenzielle Märkte für diese Technologie. Bild 14 zeigt einen Ausschnitt aus der Liste mit Anwendungen, die derzeit bereits mit Hilfe von OLEDs realisiert werden, beispielsweise OLED-Pflaster gegen Hautkrebs.

Nr.	Suchbegriff	Applikationsidee	Beschreibung	Quelle
17	Lighting effect	Ilumination devices (covering) for roller skates	Illumination can provide visual imagery for the skater and for people watching the skater. It can also provide aesthetic enhancement	Source: US2009034237A
18	Lighting effect	Lamp pen	Integriertes Licht in einem Stift zur Verbesserung der Schreibumgebung	Source: CN101078466A
31	display information	Display unit with decorative effects for a portable instrument	The display unit (2) equips a portable instrument, such as a wristwatch (1) with hands (13, 14, 15) for indicating time. Via the ...	Source: US200710998A
34	Beleuchtung	OLED-Pflaster	Forscher des Polymetrics Labor of Banbury, Oxfordsihre, experimentieren erfolgreich mit OLED-Pflastern gegen Hautkrebs...	Source: http://www.oled.at/oled-pflaster-gegen-hautkrebs
37	Informatio-nen darstellen	Babymonitor-Projektor	Bis jetzt sind nur Babyphones mit Bildschirm in etwa der Größe eines Handys auf dem Markt. Interessant wäre es, Projektoren in der Größe...	Source: http://www.oled.at/oled-pflaster-gegen-hautkrebs

Bild 14: Auszug aus der Anwendungsliste

Die ermittelte Applikationsliste zeigt aber auch Anwendungen, die bislang auf andere Art realisiert werden. Aus ihnen lassen sich hervorragende Anwendungsideen für OLEDs entwickeln, beispielsweise eine Display-Einheit mit dekorativen Effekten für ein tragbares Instrument oder ein Babymonitor-Projektor: Ein Babyphone kennen wohl die meisten von Ihnen. Bislang gibt es Babyphones mit Bildschirm auf dem Markt. Deren Nachteil: das Produkt hat die Größe eines Handys. Interessant wäre es, Projektoren in der Größe eines USB-Sticks zu haben, realisiert mit OLEDs.

Die Anwendungen bzw. Anwendungsideen bewerten

In einem nächsten Schritt wurden alle Anwendungen hinsichtlich Technologie und Markt bewertet. Kriterien für eine technologische Bewertung waren u.a. Flexibilität bei der Gestaltung, Größe, Werkstoff, Farbspektrum, Emissionen, Helligkeit, Echtzeitfähigkeit, Kontrast, Kosten und Lebensdauer. Bei den Kriterien zur Bewertung der Marktattraktivität handelte es sich um die Anzahl der Wettbewerber, die Größe des Marktsegments, die Entwicklung des Marktes sowie das geschätzte Absatzpotenzial.

Handlungsoptionen ableiten

In das Portfolio flossen die technologische und die Marktbewertung ein. Bei der Idee Babymonitor-Projektor müsste kurzfristig gehandelt werden. Die ‚Microdisplays für Mobile Multimedia HMD', ‚tactile luminous floors' sowie OLED-Pflaster haben eine hohe Marktattraktivität, aber auch eine technologische Weiterentwicklungsintensität. Sie müssen aus diesem Grund mittelfristig geplant werden. Langfristig zu beobachten sind diejenigen Ideen wie beispielsweise das ‚hand worn iluminated framework', die derzeit eine geringe Marktattraktivität, aber durchaus ein hohes Weiterentwicklungspotenzial besitzen.

Um einem möglichen Missverständnis vorzubeugen: Dieses Portfolio ist keineswegs statisch. Denn im Lauf der Zeit können sich die einzelnen Punkte durchaus verschieben. Insofern empfiehlt es sich, zu einem definierten Zeitpunkt eine erneute Bewertung durchzuführen, um zu sehen, wohin sich die einzelnen Punkte ‚bewegt' haben. Sie geben dann Aufschluss darüber, welche Anwendungsideen wahrscheinlicher oder unwahrscheinlicher werden – oder sogar wegfallen.

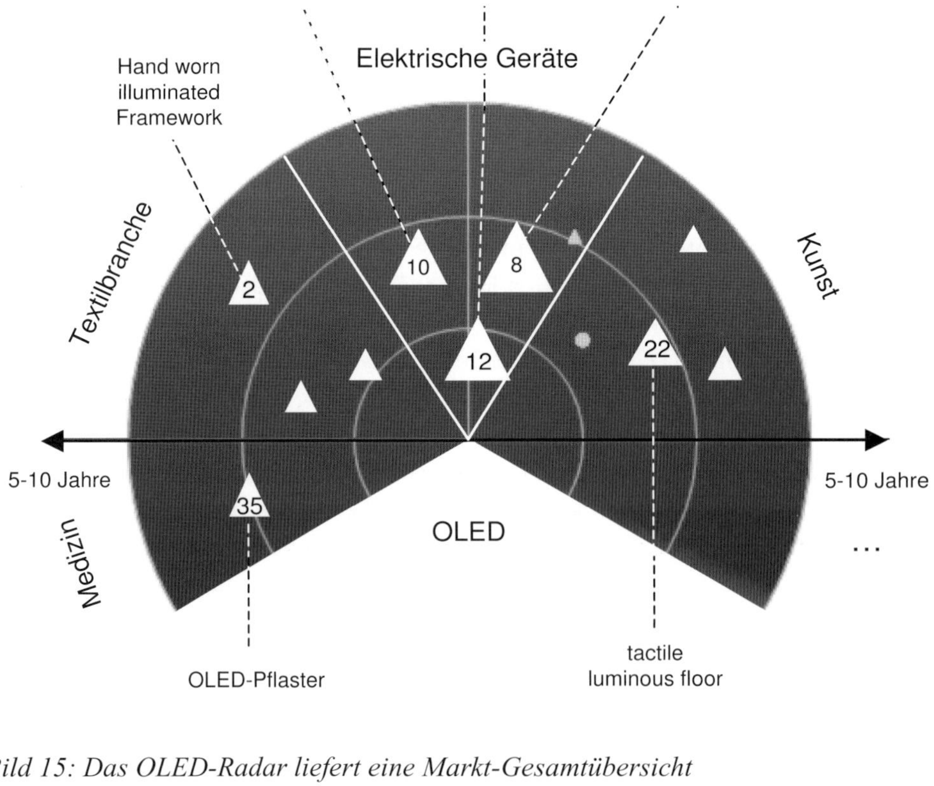

Bild 15: Das OLED-Radar liefert eine Markt-Gesamtübersicht

Schon bald werden organische Leuchtdioden nicht nur Licht in alle mögliche Arten von Räumen bringen. Sie werden das Fernsehen zu einem völlig neuen, faszinierenden Erlebnis werden lassen, in hochsensiblen Bereichen neue Sicherheitsmerkmale ermöglichen und zu völlig neuen Systemen führen, indem verschiedene Technologien miteinander gekoppelt werden (Stichwort: Anzeige + Sensoren). OLEDs haben das Potenzial, den Beleuchtungs- und Displaymarkt zu revolutionieren. Die OLED könnte außer in der Architektur auch noch in der Medizin, der Messtechnik und im Bereich der ‚Weißen Ware' eine große Rolle spielen. Und: Es wird wohl bald ‚interaktives Licht' geben bzw. eine Verbindung von Lichtquelle und Informationsmedium, weil sich Sensorfunktionalitäten ideal miteinander kombinieren lassen. OLEDs werden die Rolle von Licht in unserer Gesellschaft verändern.

Was mit dem MarktExplorer erreicht wurde

Wie eine Technologie weiterzuentwickeln ist, hängt davon ab, was der Markt fordert. Deshalb muss sich auch ein Wissenschaftler den Gesetzen der freien Marktwirtschaft unterwerfen. Der MarktExplorer ist ein hervorragendes Instrument dafür. Denn wenn man sich zehn, 15 oder noch mehr Jahre wie die Kolleginnen und Kollegen am Fraunhofer IAP mit einem Thema beschäftigt, so glaubt man abschätzen zu können, wie sich eine bestimmte Technologie wohl weiterentwickeln wird. Dann kommt das berühmte ‚Bauchgefühl' zum Tragen. Schließlich hat man einen sehr guten Überblick über die Verlautbarungen einzelner Key Player. Was haben sie (vollmundig) angekündigt – und was ist tatsächlich eingetreten? Was ist früher als gedacht eingetreten – und was gar nicht?

Wer wagt, gewinnt nicht unbedingt. Bauchgefühl ist gut, eine objektive Analyse besser. Insofern hat die Methode einen hervorragenden Dienst bei der Frage geleistet, ob man am Fraunhofer IAP auf dem richtigen Weg ist und ob die richtigen Entscheidungen getroffen worden waren. Dies betrifft auch den Bau eines Anwendungszentrums für angewandte Technologien. Die Methode gab Entscheidungssicherheit im Hinblick auf Investitionen, Personal und Themen. Hinzukommt noch ein zweites. Die Analyse zeigt mögliche Anwendungen, falls sich die Technologie in bestimmten Performanzkriterien verbessert. An der Verbesserung dieser Kriterien (z.B. Lebensdauer) sollte nun weiter geforscht werden. Denn die Karten werden ständig neu gemischt.

Vom Technologiemarkt zum Markterfolg

Fazit und Ausblick

„Im Kontext einer Organisation, sei es ein Unternehmen, sei es eine andere Institution, genügt es nicht, die Grundprinzipien eines Geschäftes bzw. Geschäftsmodells verstanden zu haben. Vielmehr müssen diese Prinzipien erarbeitet, zielgerichtet gestaltet und in der Organisation verankert werden."

1. Markt ≠ Geschäft

Stellen Sie sich vor, Sie haben eine innovative Technologie am Markt positioniert – und verdienen trotzdem kein Geld damit. Das mag eine Horrorvision sein, ist aber keineswegs ausgeschlossen. Namhafte Beispiele aus der jüngeren Vergangenheit wie Nokia, AOL oder Netscape zeigen, welche Risiken mit einer verfehlten Marktpositionierung von Technologien verbunden sind. Die Ursachen solcher Fehlentwicklungen liegen meist darin, dass Unternehmen ihre Technologien am tatsächlichen Bedarf vorbei entwickeln, an starren strategischen Vorgaben festhalten oder den Trends hinterherhinken, anstatt sich an deren Spitze zu setzen – oder sie gar selbst zu bestimmen. Das ‚Missing Link', die entscheidende Verbindung zwischen Unternehmen und Markterfolg, ist das passende Geschäftsmodell. Strategie, Strukturen und Prozesse in den Unternehmen oder Institutionen müssen so ausgelegt werden, dass innovative Technologien bestmöglich und zum richtigen Zeitpunkt auf den Markt ausgerichtet und dort erfolgreich platziert werden können.

Erste Voraussetzung für den Markterfolg ist ein erlebbarer Kundennutzen. Dieser Nutzen erwächst nicht aus einer einzelnen Technologie, sondern aus einem Technologie- oder Leistungssystem, präziser aus der Ausgestaltung der einzelnen Komponenten dieses Systems.

Leistungskomponenten und Nutzenarena

Technologien fließen in Leistungen ein, die wiederum Kundenbedürfnisse befriedigen. So einfach dieses Diktum, so schwierig die Definition dessen, was eine Leistung ist. Generell lässt sich sagen, dass das Zusammenspiel mehrerer Komponenten zu einer nutzenstiftenden Leistung führt. Diese Komponenten heißen Produkt, Dienstleistung (Service), Interaktion und emotionale Faktoren, die wir als ‚Faktor X' bezeichnen wollen.

Produkte müssen zunächst den Funktionserwartungen der Kunden entsprechen. Längst ist es auch in stark technologiegeprägten Branchen wie dem Maschinenbau üblich, das eigentliche Produkt um ergänzende Dienstleistungen wie Wartung, Schulung oder betriebsspezifische Optimierung zu erweitern. Hinzu kommen Interaktionen mit dem Kunden, die diesem einen Mehrwert bieten, den er nirgendwo anders bekommen kann, der also aus der Interaktion selbst erwächst. Ein frühes Beispiel waren Buchclubs, die ihren Kunden exklusive Angebote machen konnten, die nur für Mitglieder verfügbar waren. Der ‚Faktor X' ließe sich auch mit dem Wort Lifestyle beschreiben. Gemeint ist das, was den Menschen gefällt, ohne dass sie begründen können, warum. Produkte, deren Nutzung dem Kunden ‚ein gutes Gefühl' gibt, haben den Faktor X.

Die Gewichtung der einzelnen Leistungskomponenten hängt stark davon ab, welche Bedingungen auf den Zielmärkten herrschen. In nachfragestarken Wachstumsmärkten überwiegt der funktionale Nutzen, der aus der technischen Ausgestaltung des Produktes erwächst. In gesättigten Märkten dagegen überwiegt der emotionale Nutzen, der beispielsweise aus einem Gefühl des ‚Dazugehörens' zu einer Gruppe oder Community resultiert, der Faktor X wird also erfolgsentscheidend. Basis des Markterfolges ist mithin die auf die jeweilige Marktsituation abgestimmte Mischung der Leistungskomponenten. Diese Mischung erfolgt in der von uns so benannten Nutzenarena.

Der Begriff der Arena ist durchaus mit Bedacht gewählt. Nämlich in Anlehnung an die modernen Sportarenen, in denen im Grunde nichts anderes stattfindet als eine Abmischung von Leistungsangeboten. Immer mit dem Ziel, dem Kunden in den unterschiedlichsten Bereichen Nutzen zu bieten und so ein Maximum an Wertschöpfung oder auch Geschäft zu erzielen. Wie ein Blick auf die Bilanzen des FC Bayern München zeigt, kann dieser Weg so falsch nicht sein.

Sehr viele Menschen sind bereit, vergleichsweise viel Geld dafür zu bezahlen, ein Spiel in einer reinen Fußballarena zu sehen (Produkt mit technischer Funktion), am Business-Catering teilzuhaben (Service), dem Freundeskreis der Mannschaft inklusive Stadion-Bezahlkarte anzugehören (Interaktion) und im VIP-Bereich den einen oder anderen A-, B- oder C-Promi zu treffen (Faktor X).

Um nicht falsch verstanden zu werden: Eine Eins-zu-eins-Übertragung der Verhältnisse im Profisport auf die Technologie wäre naiv. Zumal die Beschreibung der Verhältnisse im Stadion mangels Expertise leicht hinken mag. Aber: Das Prinzip der richtigen Abmischung von Leistungskomponenten zur Nutzenmaximierung gilt in der Hochtechnologie wie in der Allianz-Arena. Deshalb sprechen wir von der Nutzenarena als entscheidendem Bestandteil eines Geschäftsmodells.

Das Beispiel mit dem Apfel

Das Unternehmen Apple gehört zu den weltweit erfolgreichsten Unternehmen des letzten Jahrzehnts. Aber was ist Apple eigentlich? Eine Computerfirma? Ein Technologieunternehmen? Ein Unterhaltungskonzern? Mit Sicherheit ist Apple ein Beispiel für den virtuosen Umgang mit den Komponenten der Nutzenarena.

Produkt

Die Technologie hinter den Apple-Produkten befriedigt die Funktionserwartungen der Kunden seit dem ersten Apple Macintosh in den 1980er-Jahren.

Dienstleistung
Apple-Produkte sind untereinander und mit den meisten anderen Produkten ihrer Kategorie kompatibel. Spezielle Nutzergruppen wie Lehrer, Studenten oder Schüler bekommen auf sie zugeschnittene Angebote.

Interaktion
Die Software iTunes ‚zwingt' den Besitzer bestimmter Apple-Produkte geradezu in eine Interaktion. Die Plattform macht günstige Produkt-Angebote und unterbreitet dem Nutzer Vorschläge, die zu seinem Nutzerverhalten passen.

Faktor X
Seit dem Markteintritt mit einem Werbespot im Superbowl-Finale 1984 ist Apple Kult. Die Marke steht seither für ein modernes, trendiges Leben und somit für einen ganz bestimmten Lebensstil. In manchen Kreisen ist es nahezu unmöglich, nicht mit einem Apple-Produkt zu telefonieren.

2. Technologie + Geschäftsmodell = Erfolg

Im Kontext einer Organisation, sei es ein Unternehmen, sei es eine andere Institution, genügt es nicht, die Grundprinzipien eines Geschäftes bzw. Geschäftsmodells verstanden zu haben. Vielmehr müssen diese Prinzipien erarbeitet, zielgerichtet gestaltet und in der Organisation verankert werden. Mit Blick auf das Thema dieses Buches geht es darum, einen Rahmen für die technologieinduzierte Gestaltung von Geschäftsmodellen zu entwerfen, der Organisationen befähigt, die Herausforderungen der Zukunft erfolgreich zu bewältigen. Diesem Ziel dient ein Modell, das wir als ‚Fraunhofer House of Business Model Engineering' (BME) bezeichnen. Ein Unternehmensmodell für Geschäftsmodelle sozusagen.

Das BME besteht aus vier Ebenen, die hierarchisch und pyramidenförmig aufgebaut sind (siehe Bild 16). Diese Pyramide ruht, bildlich gesprochen, auf der Basis einer Nutzenarena, wie sie im vorigen Abschnitt skizziert ist.

Geschäftsmodell-Strategie

Die Geschäftsmodell-Strategie (BM-Strategie) legt Ziele und Aufgaben fest. Auf dieser Ebene muss die grundsätzliche Idee des Geschäftsmodells identifiziert werden, die zu einem vermuteten Markterfolg führt. Darüber hinaus werden hier Szenarien entwickelt, die Gestaltungsoptionen und Verwertungsmöglichkeiten aufzeigen. Während bei ersteren bewährtes strategisches Instrumentarium zum Einsatz kommt, ist bei letzterem

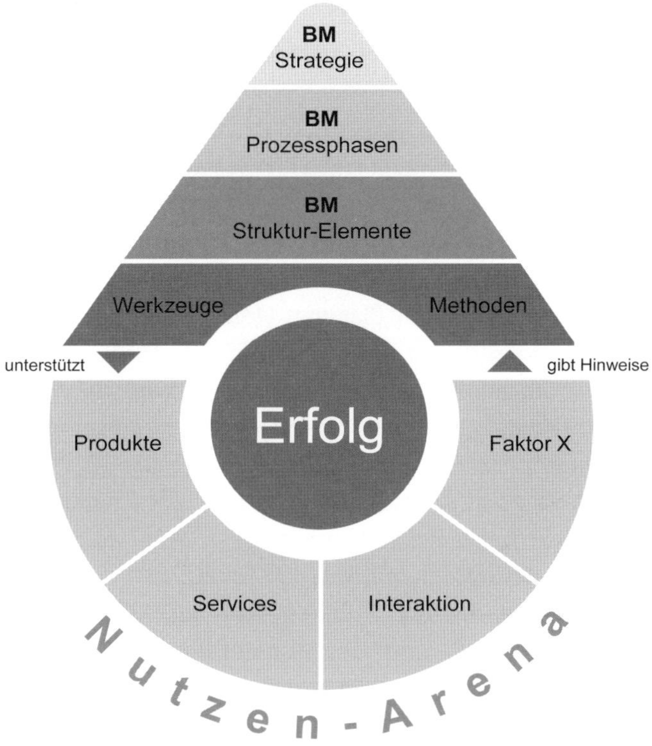

Bild 16: Das Fraunhofer House of Business Model Engineering (BME) im Überblick

besonderes Fingerspitzengefühl gefragt. Gilt es doch, grundsätzliche Entscheidungen über den Grad der Externalisierung zu treffen. Die Skala der Verwertungsmöglichkeiten reicht von der Inhouse-Lösung über die Suche nach Kooperationen, die Vergabe von Lizenzen, das Eingehen von Joint-Ventures oder die Generierung von Spin-Offs bis zum Verkauf eines Geschäftsmodells. Auch damit lässt sich Geld verdienen.

Prozessphasen des Geschäftsmodells

Im Rahmen der Gestaltung und Implementierung eines Geschäftsmodells müssen vier Phasen durchlaufen werden. Diese Phasen sind auf der nächsten Ebene angesiedelt und aus dem Paradigma des Geschäftsprozessmanagements abgeleitet. Sie heißen Plan, Build, Run und Change. Zunächst geht es um die Konzeption des Geschäftsmodells (Plan), auf die Aufbau (Build) und Betrieb (Run) folgen. Mit Blick auf wechselnde Verhältnisse muss eine Möglichkeit zur Anpassung an Veränderungen (Change) zwingend integriert werden – wir hatten Veränderungsresistenz im strategischen Bereich bereits als Risikofaktor identifiziert.

Strukturelemente des Geschäftsmodells

Auf der nachfolgenden Ebene der Geschäftsmodell-Strukturelemente (BM-Strukturelemente) werden die organisatorischen Weichen gestellt. Wir sprechen in diesem Zusammenhang auch von den ‚Gestaltungsräumen' des Geschäftsmodells.

Strategische Führung und Management legen die Gestaltungsmerkmale der Geschäftsausrichtung fest. Dazu gehört unter anderem die Entscheidung, welches Nutzenversprechen gegenüber den Kunden artikuliert wird. Im Zentrum dieses Gestaltungsraumes stehen die Erwartungen der Stakeholder bzw. die grundsätzliche Frage, wie diese optimal zu erfüllen sind. Letztlich geht es um Planung, Organisation und Kontrolle. Also um Management.

Im Gestaltungsraum ‚Technologien und Ressourcen' wird die Frage beantwortet, welche Kompetenzen, Technologien und Ressourcen für das Geschäftsmodell benötigt werden. Das Ziel muss sein, einzigartige Technologien zu identifizieren und zu gestalten, die einen klaren Wettbewerbsvorteil erzeugen. In diesem Zusammenhang ist auch die Frage zu klären, welche Kompetenzen vorhanden sind und welche mit Blick auf das Nutzenversprechen beschafft werden müssen.

Die Beschäftigung mit Kunden und Märkten muss aufzeigen, welche potenziellen Märkte es gibt und wie die Wettbewerbssituation auf diesen Märkten ist. Dann ist zu klären, wie Marktpotenziale und Nutzenversprechen zueinander passen. Dazu gehört unter anderem die Darstellung von Nutzerprofilen, die für die Kunden relevant sind.

Im nächsten Gestaltungsraum wird die Wertschöpfungsarchitektur entworfen. Heißt: Die für das Geschäftsmodell optimalen Wertschöpfungsprozesse werden, gegebenenfalls unter Einbezug von Netzwerkpartnern, modelliert. Im Zentrum dieser Modellierung steht die Frage, wie die Generierung von Nutzen in der Wertschöpfung verankert werden kann und welche Technologien bei welchem Netzwerkpartner notwendig sind.

Im letzten Gestaltungsraum geht es ums Geld. Hier muss geklärt werden, welche Finanzierungs- und Erlösstrategien angestrebt werden und welche Lösungen dafür zur Verfügung stehen. Eine weitere Kernfrage lautet: Wo genau werden Erlöse generiert und welche Prozesse liefern den höchsten Beitrag zur Wertschöpfung?

Die Gestaltungsräume im Fraunhofer House of Business Model Engineering sind in einem Kreislauf so hintereinander geschaltet, dass die einzelnen Räume während der Modellgestaltung mehrfach durchlaufen werden. Korrekturen und Verbesserungen müssen immer möglich sein.

Werkzeuge und Methoden

Darunter folgt dann die Ebene der Werkzeuge und Methoden, die die Ausgestaltung der Strukturelemente und des Geschäftsmodells IT-basiert unterstützen. Eine Reihe derartiger Methoden haben Sie im vorliegenden Buch kennen gelernt. Weitere sind in Arbeit.

Anschauungsmaterial zu „Kristalle – Wunderwerkstoffe für die Industrie"

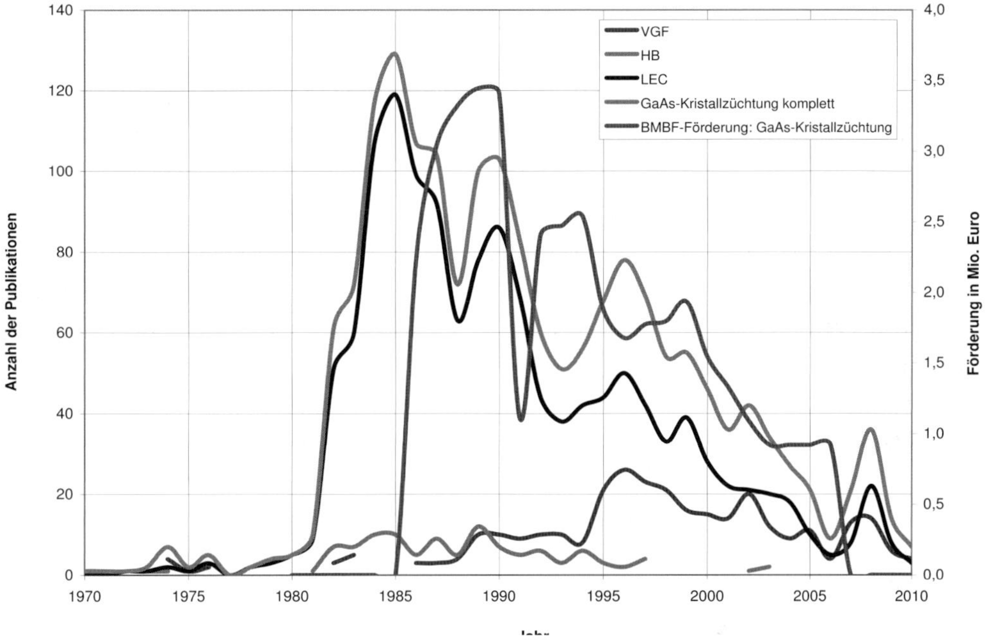

Bild 17: Zeitlicher Verlauf der Zahl wissenschaftlicher Publikationen zu verschiedenen Kristallzüchtungsverfahren von GaAs zwischen 1970 und 2010, bei denen die Schlüsselbegriffe im Titel, der Zusammenfassung oder in den Keywords vorkommen. Zusätzlich ist der aus der BMBF-Förderdatenbank ermittelte zeitliche Verlauf für die Förderung von GaAs-Kristallzüchtungsprojekten auf der sekundären y-Achse dargestellt.

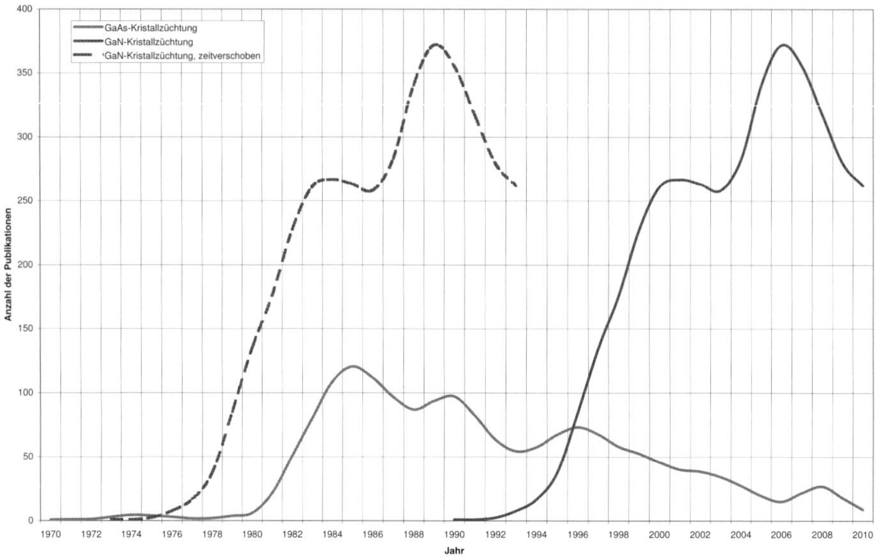

Bild 18: Zeitlicher Verlauf des Indikators „Veröffentlichungen im Bereich Kristallzüchtung" für GaAs und GaN. Der Verlauf für GaN wurde durch den Technologiekompass zeitlich so verschoben, dass er dem Verlauf für GaAs am ähnlichsten ist.

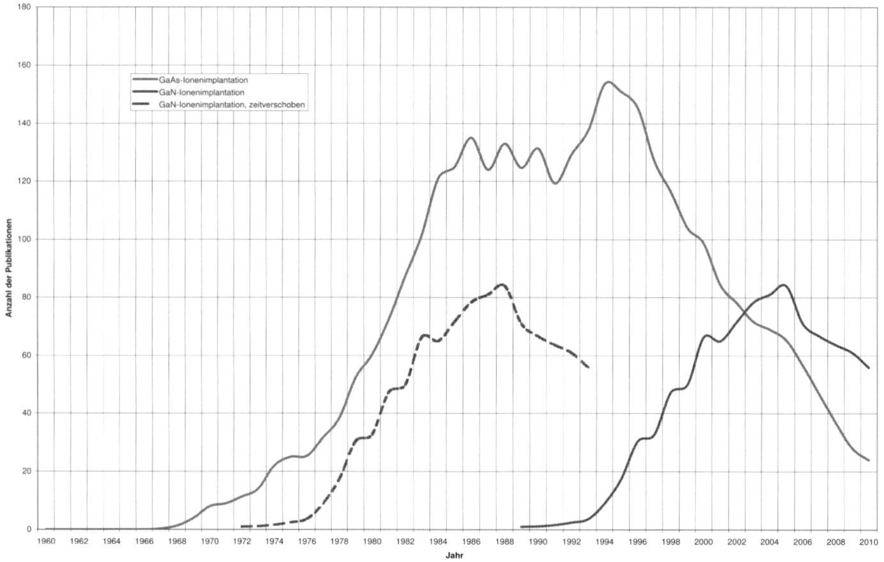

Bild 19: Zeitlicher Verlauf des Indikators „Veröffentlichungen im Bereich Ionenimplantation" für GaAs und GaN. Der Verlauf für GaN wurde durch den TechnologieKompass zeitlich so verschoben, dass er dem Verlauf für GaAs am ähnlichsten ist.

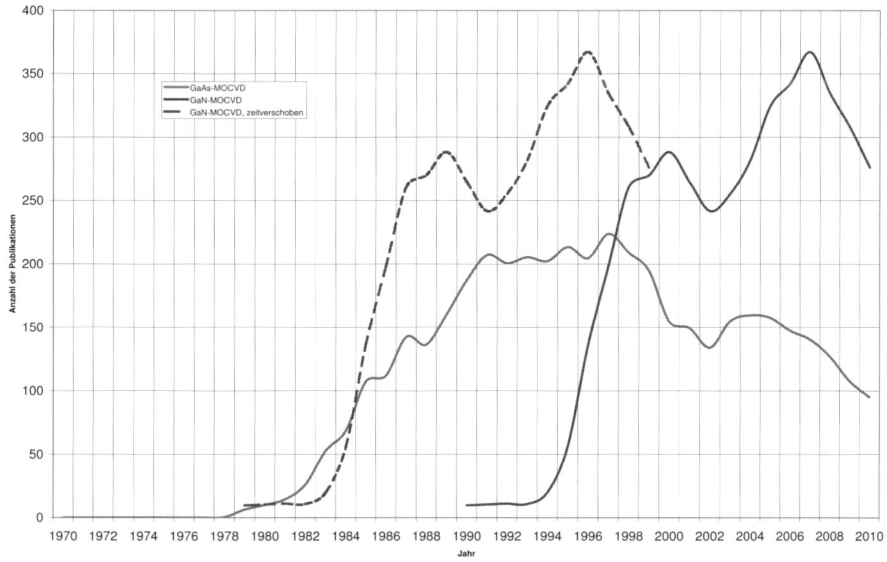

Bild 20: Zeitlicher Verlauf des Indikators „Veröffentlichungen im Bereich MOCVD" für GaAs und GaN. Der Verlauf für GaN wurde durch den TechnologieKompass zeitlich so verschoben, dass er dem Verlauf für GaAs am ähnlichsten ist.

Über den Herausgeber

Prof. Dr.-Ing. **Hans-Jörg Bullinger**, Jahrgang 1944, absolvierte eine Lehre als Betriebsschlosser bei der Daimler-Benz AG und studierte danach Maschinenbau. 1974 promovierte er mit Auszeichnung und habilitierte 1978 an der Universität Stuttgart.
Prof. Bullinger war erster Institutsleiter des 1981 neu gegründeten Fraunhofer-Instituts für Arbeitswirtschaft und Organisation (IAO). Ab dem Jahr 1991 leitete er zusätzlich das Institut für Arbeitswissenschaft und Technologiemanagement (IAT) der Universität Stuttgart. Im Jahr 2002 wurde er in das Präsidentenamt der Fraunhofer-Gesellschaft in München berufen. Die Fraunhofer-Gesellschaft betreibt angewandte Forschung mit dem Ziel, die Innovationsfähigkeit der heimischen Wirtschaft zu fördern und damit den Standort Deutschland zu stärken.
Forschungsschwerpunkte von Prof. Bullinger liegen auf dem Gebiet des Technologie- und Innovationsmanagements. Neben zahlreichen nationalen und internationalen wissenschaftlichen Auszeichnungen erhielt er 2006 das große Verdienstkreuz der Bundesrepublik Deutschland, verliehen durch den Bundespräsidenten.
Im Jahr 2009 ist Prof. Bullinger zum ‚Manager des Jahres' gewählt worden. Das ‚Manager Magazin' zeichnete Bullinger dafür aus, besonders im Krisenjahr die technologischen Innovationen der Fraunhofer-Gesellschaft vorangetrieben zu haben, was ihn zu einer Schlüsselfigur für Deutschlands Zukunftsfähigkeit machte.

Literaturverzeichnis

BOEING, NIELS: Nano!? – Die Technik des 21. Jahrhunderts. Berlin: Rowohlt Verlag 2004.

BULLINGER, HANS-JÖRG (HRSG.): Fokus Technologie – Chancen erkennen, Lösungen entwickeln. München: Carl Hanser Verlag 2008.

BULLINGER, HANS-JÖRG (HRSG.): Fokus Innovation – Kräfte bündeln, Prozesse beschleunigen. München, Wien: Carl Hanser Verlag 2006.

Bundesministerium für Bildung und Forschung (BMBF), Referat Öffentlichkeitsarbeit (Hrsg.): Optische Technologien. Wirtschaftliche Bedeutung in Deutschland. Bonn, Berlin 2007.

BUNDESMINISTERIUM FÜR BILDUNG UND FORSCHUNG (BMBF), REFERAT SICHERHEITSFORSCHUNG (HRSG.): Forschung für die zivile Sicherheit – Detektion von Gefahrstoffen. Bonn, Berlin 2008.

CUHLS, KERSTIN: Methoden der Technikvorausschau – eine internationale Übersicht. Stuttgart: Fraunhofer IRB Verlag 2008.

CUHLS, KERSTIN; GANZ, WALTER: WARNKE, PHILINE (HRSG.): Foresight-Prozess im Auftrag des BMBF – Zukunftsfelder neuen Zuschnitts. Karlsruhe, Stuttgart 2009.

FRAUNHOFER-INSTITUT FÜR KURZZEITDYNAMIK, ERNST-MACH-INSTITUT (HRSG.): Innovationscluster ‚Future Security BW'. Mehr Sicherheit durch Hightech. S4 – Schutz, Sensorik, Systemintegration, Society (Broschüre).

GABLERS WIRTSCHAFTSLEXIKON. 14., vollst. überarb. und erweit. Aufl. Wiesbaden: Betriebswirtschaftlicher Verlag Dr. Th. Gabler GmbH 1997.

GEISSLER, KARLHEINZ A.: Alles hat seine Zeit, nur ich hab keine. Wege in eine neue Zeitkultur. München: oekom verlag 2011.

HENDRIKS, MARK: Reparatur statt Austausch. Turbinenschaufeln aus einkristallinen Werkstoffen länger nutzen. In: SULZER TECHNICAL REVIEW 1/2006, S. 4167-4169.

HORX, MATTHIAS: Das Buch des Wandels. Wie Menschen Zukunft gestalten. 1. Aufl. München: Deutsche Verlags-Anstalt in der Verlagsgruppe Random House GmbH 2009.

LEHMANN, HARRY: Anforderungen an eine nationale Ressourcenstrategie. Vortrag im Rahmen des IV. Parlamentarischen Abends der Aachener Stiftung Kathy Beys „Ressourceneffizienz für die postkarbone Gesellschaft – Wettbewerbsvorteile für Deutschland" 2010.

NÖLDGEN, MARKUS: Sichere Bauwerke aus Ultrahochleistungsbeton. In: Tiefbau 11/2008, S. 684ff.

Programmausschuss für das BMBF-Förderprogramm Optische Technologien (Hrsg.): Agenda Photonik 2020. Düsseldorf: November 2010

Siwczyk, Ivonne: IT-gestützte White-Spot-Analyse (herausgegeben von Dieter Spath). Potenziale von Patentinformationen am Beispiel Elektromobilität erkennen. Stuttgart: Fraunhofer IRB Verlag 2010.

Spengler, Oswald: Der Untergang des Abendlandes. Umrisse einer Morphologie der Weltgeschichte. Düsseldorf: Patmos Verlag GmbH & Co KG/Albatros Verlag 2007.

Winzer, Petra; Schnieder, Eckehard; Bach, Friedrich-Wilhelm (Hrsg.): Sicherheitsforschung – Chancen und Perspektiven (‚acatech diskutiert'). Berlin, Heidelberg: Springer-Verlag 2010 (Format: PDF).